康登成　徐　磊　单　斌／主编

# 银川市典型泥石流形成机理与成灾模式研究

黄河出版传媒集团
阳　光　出　版　社

**图书在版编目（CIP）数据**

银川市典型泥石流形成机理与成灾模式研究 / 康登成，徐磊，单斌主编. -- 银川：阳光出版社，2024. 11. -- ISBN 978-7-5525-7654-2

Ⅰ. P642.23

中国国家版本馆CIP数据核字第2025AB7646号

银川市典型泥石流形成机理与成灾模式研究

康登成　徐　磊　单　斌　主编

责任编辑　马伟锴　胡　鹏
封面设计　晨　皓
责任印制　岳建宁

黄河出版传媒集团 阳光出版社 出版发行

地　　址　宁夏银川市北京东路139号出版大厦（750001）
网　　址　http：//ssp.yrpubm.com
网上书店　http：//shop129132959.taobao.com
电子信箱　yangguangchubanshe@163.com
邮购电话　0951-5047283
经　　销　全国新华书店
印刷装订　宁夏凤鸣彩印广告有限公司
印刷委托书号　（宁）0031490

开　　本　787 mm × 1092 mm　1/32
印　　张　5
字　　数　130千字
版　　次　2024年11月第1版
印　　次　2024年11月第1次印刷
书　　号　ISBN 978-7-5525-7654-2
定　　价　88.00元

# 前　言

银川市是宁夏回族自治区首府，国家历史文化名城，位于黄河上游宁夏平原中部。银川市西侧的贺兰山，是宁夏回族自治区和内蒙古自治区重要的自然分界，也是银川平原重要的生态屏障。贺兰山东麓银川段属贺兰山褶冲带与银川新生代断陷盆地两大构造单元的结合部位，区域内褶皱、断裂发育，山体陡峻，物理风化强烈，具有特殊自然地理和复杂的地质环境背景。特殊的自然地理条件和区域地质环境造成贺兰山昼夜温差大，植被稀少，大部分山体长期处于裸露状态。在长期风化作用下，贺兰山东麓沟谷内散布有大量的崩、坡积堆积体，为泥石流的形成创造了物质条件。受极端强降雨影响，近年来贺兰山东麓泥石流广泛发育，对山体东侧的众多自然景观、农林产业园、村镇及银川市城区造成极大威胁，是宁夏地质灾害防治的重点区域之一。鉴于此，本文通过资料收集、地质灾害测量、地形测量、工程地质剖面测量、浅井、微动探测、土工试验等手段，调查贺兰山东麓典型泥石流形成条件、发育特征、分布规律，开展地质灾害发育特征、变形破坏模式和致灾模式研究，使用 FLO-2D 软件构建评价模型，模拟取得不同（降雨）工况下泥石流的堆积深度、流动速度等参数，根据模拟结果对泥石流进行稳定性分析和危险性分区，提出科学合理的风险管控建议，为当地泥石流防治工作开展提供理论依据。

本书共分六章，具体内容与主要编写分工如下：

第一章介绍研究背景与意义、国内外泥石流地质灾害研究现状情况。本章由康登成、单斌、徐磊、赵志鹏等执笔。

第二章总结了自然地理与区域地质环境概况。本章由段佳、杨凌雪、徐磊、段志刚等执笔。

第三章总结了银川市地质灾害类型及发育特征，分析了泥石流和崩塌地质灾害的时空分布规律。本章由康登成、梁新富、姬浩文等执笔。

第四章分析总结了银川市泥石流地质灾害形成机理与成灾模式。本章由康登成、吴瑞、马小波、王军等执笔。

第五章深入研究了苏峪口沟和小口子沟2条典型泥石流地质灾害成灾机理，使用 FLO-2D 软件构建评价模型，模拟取得不同（降雨）工况下泥石流的堆积深度、流动速度等参数，对泥石流进行稳定性分析和危险性分区，预测了泥石流发展趋势，并提出管控建议。本章由单斌、康登成、何昌浩等执笔。

第六章结论与建议由康登成、徐磊等执笔。

全书由康登成、徐磊、段佳等统稿、定稿、编排完成。本书插图由段佳、单斌、马小波完成。资料整理由康登成、段佳、单斌、段志刚、张庆平、朱红梅等完成。

本书的成果是在宁夏水文地质环境地质勘察创新团队、宁夏地下水与生态环境效应研究人才小高地共同资助下完成的。

本书凝聚了全体编写者和参研人员的共同心血，在完成之际，特向大家致以衷心的感谢。

限于编者学术水平，书中难免有不足和错漏之处，敬请读者批评指正。

作　者

2024年10月于银川

# 目　录

# 第 1 章　绪　论

## 1.1　研究背景与意义

为全面贯彻习近平总书记关于防灾减灾救灾重要论述，坚持“人民至上、生命至上”，围绕防范化解地质灾害重大风险，建立高效科学的地质灾害防治体系，切实提升地质灾害防治能力，将地质灾害防治工作由隐患管理逐步向风险管理转变，达到从源头上防范地质灾害的目的。银川市主要地质灾害类型为泥石流，分布于贺兰山东麓和灵武东山地区，尤其贺兰山东麓山势陡峻，冲沟发育，松散堆积物较多，在极端降雨条件下极易诱发形成泥石流地质灾害，对周边人民群众的生命财产安全造成极大威胁。基于此，针对性开展银川市泥石流地质灾害机理研究工作就显得尤为重要。本次研究在总结归纳银川市泥石流地质灾害形成机理与成灾模式的基础上，选取贺兰县苏峪口沟和西夏区小口子沟作为典型泥石流地质灾害研究对象，开展地质灾害发育特征、变形破坏模式和致灾模式研究，使用 FLO-2D 软件构建评价模型，模拟取得不同（降雨）工况下泥石流的堆积深度、流动速度等参数，根据模拟结果对泥石流进行稳定性分析和危险性分区，评价泥石流发展趋势和危害程度，提出风险管控建议。

通过对银川市典型泥石流地质灾害开展数值模拟与成灾机理研究，客观认识银川市泥石流地质灾害发育特征及危险性，研究成果可以为科学研判今后一段时期银川市泥石流地质灾害发展趋势和危害程度提供理论依据，为各级政府有效开展地质灾害防治工作、切实保障社会经济可持续发展提供地质灾害风险信息和科学决策依据。

## 1.2 国内外泥石流研究现状

### 1.2.1 泥石流地质灾害研究现状

自1928年第一篇泥石流科技论文的发表，人们逐步认识到泥石流是一种危害性极大的地质灾害。随着研究的进一步深入，在1978年美国地质调查局 Jon J. major 教授通过综述性文章“Debris Flow”，系统介绍了泥石流灾害防治领域取得的研究成果和未来发展方向；1984年，美国地质调查局 Costa 博士从地理学的角度，较为全面论述了泥石流发育的普通地貌学特征。进入20世纪90年代后，泥石流发育十分严重的日本和法国在该领域研究表现活跃，高桥保教授和 Coussot 博士相继出版了泥石流专著。

国内在泥石流领域的研究起步略晚，最早的一篇泥石流学术论文可追溯至1964年，施雅风院士撰写的“西藏古乡地区的冰川泥石流”，经过近20年的探索，唐邦兴教授1980年对我国泥石流研究现状进行了全面梳理；20世纪90年代后，我国该领域的专家田连权、吴积善、崔之久等均出版了泥石流领域的相关学术专著；2000年，唐邦兴出版学术专著《中国泥石流》系统总结了我国泥石流研究的最新成果和防治先进技术，预示着我国学者在该领域的研究进入全面深化阶段。进入21世纪以后，以崔鹏、刘希林、陈宁生、陈晓清、程尊兰、胡明鉴、潘华利、唐川、王裕宜等为代表的专家长期从事泥石流等山地灾害研究，初步建立了适合我国区域地质特征的泥石流启动理论，为深化泥石流认识，揭示成灾机理等方面做出了突出贡献。

### 1.2.2 泥石流形成机理与成灾模式研究现状

泥石流灾害形成机理多样，成灾模式复杂。对其成灾模式进行归纳总结，需要既能反映其内在成因规律，又能概括其外部特征信息，既可作为泥石流灾害研究的基础，又可作为灾害防治的重要依据，还可作为反映该模式下泥石流灾害形成机理的关键信息。对于泥石流动力来源方面，我们通常可分为土力、水力两种类型。受限于早期的研究方法和理论依据不足，对泥石流灾害多以调查统计分析为主，后来随着技术手段革新，才形成系统的成因机理研究。随后又依据地貌类型或流域形态可划分出更多类型的泥石流灾害。对于水力类泥石流，由日本著名泥石流专家、日本京都大学名誉教授高桥保（Takahashi）博士提出基本的形成机理，他认为泥石流启动的关键因素为降雨所产生的水流动力冲刷泥石流沟床堆积物。我国地质环境监测院副总工程师刘传正则依据泥石流成因类型将泥石流灾害初步划分为七种（表1–1），分别是沟谷演化型、坡地液化型、滑坡坝溃决型、工程弃渣溃决型、尾矿坝溃决型、冰湖坝溃决型和堆积体滑塌侵蚀型。

表 1–1　基于主要引发作用的泥石流灾害成因类型

| 序号 | 成因类型 | 引发因素 | 启动模式 | 运动特征 |
|---|---|---|---|---|
| 1 | 沟谷演化型 | 降雨渗流 | 岩土饱水、山洪冲击 | 冲刷、侧蚀、刨蚀沟谷 |
| 2 | 坡地液化型 | 台风暴雨 | 残坡积表层软化流动 | 坡面滑移、倾泻 |
| 3 | 滑坡坝溃决型 | 暂态壅水 | 渗流堵溃 | 山洪—泥石流 |
| 4 | 工程弃渣溃决型 | 暂态壅水 | 渗流堵溃 | 碎屑流、泥石流 |
| 5 | 尾矿坝溃决型 | 排水不畅 | 渗透变形 | 泥石流 |
| 6 | 冰湖坝溃决型 | 冰凌 | 壅堵溃决 | 山洪—泥石流 |
| 7 | 堆积体滑塌侵蚀型 | 降雨渗流 | 滑塌冲击、侵蚀 | 壅堵与溃决交替出现 |

在前人的成果中，对泥石流灾害成灾模式的研究更多体现在地貌类型、物源类型以及形成机理上，并未将不同类型的泥石流所具有的典型破坏方式联系起来。基于地貌类型对泥石流的划分，部分学者将泥石流分为了两类，分别为河谷型与山坡型，并将其类型与固体物源进行了关联；另一些学者则将泥石流分类为沟谷型与山坡型。实际上我国对于泥石流的分类，采用较多的方法为“二分法”，即将泥石流按地貌位置分为了沟谷型和山坡型。然而，近些年来随着对泥石流灾害的了解研究更为深入，则又出现了更多类型的划分。在“二分法”的基础上又增加了典型泥石流类型，并且对于泥石流流域面积的大小情况，又对沟谷型与河谷型做出了界定。基于物源类型对泥石流的划分，唐邦兴在《中国泥石流》一书中，根据泥石流灾害形成时，固体物来源及不同物源条件下

的启动形式，将泥石流灾害划分为重力侵蚀补给模式、沟床质侵蚀补给模式和坡面侵蚀补给模式。杨成林以震后汶川灾区泥石流为例，总结概括了震后泥石流灾害的五种成灾模式，分别为沟床启动型、坡面崩滑转化型、震裂表土侵蚀启动型、滑坡表面土体液化型以及松散堆积物冲切沟启动型，并根据所分模式，分析了其中的形成机理，为当地震后防治泥石流灾害起到很大的作用。基于形成机理对泥石流的划分，康志成认为水动力型泥石流形成机理通常为“揭底作用于滚雪球”，即沟道内松散物被上游洪流侵蚀冲刷，导致被掀起并揭底，在流体的裹挟中好似“滚雪球”的方式，向下游越“滚”越大。李晨通过构建野外物理实验模型，研究了堰塞坝溃决后形成泥石流灾害的流量、物源以及流体容重的变化过程，确定了溃决型泥石流的临界条件，可充分应用泥石流灾害的早期预防和预警之中。

### 1.2.3 泥石流灾害数值模拟研究现状

泥石流是典型的由固液气三相结构组成的三相流，而三相流的动力学特性是由单相与相和相之间的相互作用决定的，运动机理极其复杂。在泥石流的运动过程中，其动力学特征会受到多种因素的影响，因此每条泥石流沟的动力学特征，甚至同一泥石流沟不同区域不同位置其动力学特征也会有很大差异。随着科学技术的不断发展，数值模拟方法逐渐被引入到了泥石流的分析评价中。数值模拟相对传统方法而言，可较直接地反映和展现泥石流暴发过程中的运动、堆积等特征，可为泥石流危险性评价提供影响因子参数等直接可靠参考。

数值模拟是目前研究地质灾害的一种重要研究方法。当前对于研究泥石流相关的数值模拟多为两种方法，即经验法与理论法，其中理论法主要包括离散元法与连续介质法。经验法是通过研究的大量已经发生的真实案例，将其相应的特征及参数公式化，即推理得出相应的公式，从而模拟泥石流灾害的全过程。而理论法则是基于定性的理论依据来实现对泥石流灾害的模拟，比如离散元法是基于对颗粒间的相互作用理论来实现宏观特征的模拟；连续介质法则是根据泥石流的基本守恒定律，通过复杂运算来实现的。对于泥石流灾害进行数值模拟，有很多软件可供我们选择，且每个软件的优劣各不相同。

为预测泥石流灾害的淤积范围，国内外虽已建立许多成熟的模型，而泥石流力学模型的研究仍在不断地探讨中。19世纪70年代，美国著名的地质地貌学家 Johnson 和 Rahn 首次利用宾汉粘性流模型计算出了泥石流的最大流速，并总结出了泥石流运动方程。日本学者石川芳将水工物理模型试验和数值模拟相结合，研究了泥石流的冲淤范围。21世纪初，Huelimann 在数值模拟中运用了有限差分法进行计算分析，得到了泥石流活动可能的影响区域，并对受灾区域进行了危险性分区。采用不同的数学模型可以得到不同的数值模拟软件，利用非牛顿流体模型和中央有限差分法得到的数值模拟集成软件 FLO-2D，可以较好地模拟出泥石流的运动、堆积过程，应用范围更广，操作简单实用。Bertolo 等学者较早地便利用该软件进行了泥石流数值模拟，研究了小流域范围内泥石流的运动和堆积过程。

数值模拟技术在我国也发展迅速。20世纪90年代初，唐川等学者就采用了剖开算子的有限差分进行泥石流灾害模拟计算，在此基础上进行了危险性评价。胡凯衡在分析泥石流流体基本参数的基础上，引入流团模型，进行了泥石流的堆积范围预测和危险性分区。韦方强应用 GIS 平台进行了泥石流洪泛区的模拟，并在此基础上做了后续模拟结果的处理，建立了泥石流风险动量区划模型。学者 Wu 利用 Debris-2D 和 FLO-2D 软件模拟了台湾新开地区的泥石流运动过程，并将两种结果进行了对比分析；还有学者在流动学物理实验和物理模型的基础上，利用 FLO-2D 模型进行了泥石流运动和堆积过程的模拟。

目前国内外泥石流数值模拟模型主要有：基于半经验方法和等效流体定义的 DAN3D 模型，基于连续流体介质的 RA mmS 模型，以流体连续动力学为基本原理的 AschFlow 模型，以及目前常采用的通过结合宾汉模型和拜格诺模型，并以流体连续运动为基本原理的 FLO-2D 模型。大多研究者主要通过 CFX、FLO-2D、Debris-2D、RAmmS、DAN3D 以及中科院山地所研发的 mass-flow 等软件来模拟泥石流的发生和演化过程。基于 FLO-2D 唐川等人不仅得到了泥石流的运动堆积范围，还得到了流速、流深等数据，建立了单沟泥石流危险性评价方法。FLO-2D 是一款综合水文、水力学的模型，使用动态波动量方程以及具有八个潜在流向的中央有限差分路，来实现方形单元系统上洪水波进程的预测。Lin 等通过 FLO-2D 软件，模拟了包括泥深、流速、淤积范围在内的多项运动特征，发现模拟结果较为准确，与实际情况吻合，并以此为据开展了当地泥石流灾害的危险性评价，取得了较好的成果。数值模拟方法推动了泥石流危险性评价的研究，为其提供了新的思路和方法，也为工程实践提供了有力参考。

## 1.3 区内泥石流研究现状

宁夏对泥石流的研究起步较晚。2004年，代世伟对宁夏马东山西麓泥石流及其运动特征进行了研究。2016年吴凯、倪万魁、武鹏等对宁夏隆德县坡面型泥石流形成机理进行了详细深入研究。2020年东华理工大学胡艳香、朱厚影等基于宁夏回族自治区自然科学基金项目（2020AAC03222）“贺兰山东麓泥石流发育规律与灾变演化机理研究”，通过资料收集、影像分析、现场踏勘等技术手段，查明区域内泥石流发育规律和侵蚀破坏特征；以苏峪口沟为重点，探明其物源分布与侵蚀特征；运用层次分析法建立了动态权重系统，结合模糊综合评价法实现了泥石流危险性动态评价，研究了不同降雨条件的泥石流危险度，采用分级赋值法对评价结果进行验证；通过小比例尺模型展开模型试验，研究了物源粗颗粒含量、沟床坡度和土体含水率对泥石流发育的影响；该项研究进一步丰富了宁夏山区泥石流研究理论，为宁夏当地泥石流防治工作开展提供了理论依据。

# 第 2 章　自然地理与区域地质环境概况

## 2.1　地理位置与交通

### 2.1.1　地理位置

银川市，是宁夏回族自治区首府、国家历史文化名城。银川地处中国西北地区宁夏平原中部，西倚贺兰山、东临黄河，是发展中的区域性中心城市。银川东与吴忠市盐池县接壤；西依贺兰山与内蒙古自治区阿拉善盟阿拉善左旗为邻；南与吴忠市利通区、青铜峡市相连；北接石嘴山市平罗县，与内蒙古自治区鄂尔多斯市鄂托克前旗相邻（以明长城为界）。其地域范围为北纬37° 29′ ~38° 53′，东经105° 49′ ~106° 53′。银川市下辖三区两县一市，“三区”即兴庆区、金凤区、西夏区；“两县”即永宁县、贺兰县；“一市”即灵武市，行政区划面积9 025.38 $km^2$。

### 2.1.2　交通

银川市交通便利，距离市区19 km 有银川河东国际机场，有多条铁路干线，包括包兰铁路、太中银铁路和银西高铁、银川至中卫城际铁路。高速公路包括乌银高速（G1817）、乌玛高速（G1816）、青银高速（G20）、京藏高速（G6）、福银高速（G70）、银百高速（G69）、银昆高速（G85）。国道包括G110国道、G109国道、G244国道，区内分布多条省道、县道及乡道，交通十分便利。

## 2.2 社会经济概况

2023年，全市实现地区生产总值2685.63亿元，按不变价格计算，比上年增长7.2%。其中，第一产业增加值99.47亿元，增长8.2%；第二产业增加值1302.90亿元，增长10.1%；第三产业增加值1283.26亿元，增长4.6%。三次产业结构为3.7：48.5：47.8，对经济增长的贡献率分别为4.3%、62.1%和33.6%。按常住人口计算，人均地区生产总值92530元，比上年增长6.7%。

全市2023年末常住人口290.81万人，比上年末增加1.13万人。其中，城镇人口240.92万人，比上年末增加4.14万人；乡村人口49.89万人，比上年末减少3.01万人；常住人口城镇化率为82.84%，比上年末提高1.1个百分点。

## 2.3 气象与水文

### 2.3.1 气象

银川市属中温带大陆性气候，具有干旱少雨、蒸发强烈、气候干燥、日照充足、风大沙多、昼夜温差大的特征。据银川市气象局（1951—2022年）的观测资料，年平均气温9.2℃，十二月份

平均气温 –14.6℃，极端最低气温 –26.5℃（1967年），七月份平均气温25.8℃，极端最高气温39.1℃（2022年），多年平均降水量193.2 mm，蒸发量1 644.3 mm，蒸发量是降水量的8.5倍。降水主要集中在7、8、9三个月，占年降水量的61%。相对湿度57%。

### 2.3.2　水文

黄河自南向北流经银川市，银川段全长 83.8 km，年均过水量300余亿立方米，多年平均流量800~2500 $m^3/s$。银川市的农业得益于黄河灌溉，引黄灌区沟渠纵横，引黄灌溉主干、支渠有西干渠、汉延渠、唐徕渠、惠农渠等。排水沟主要有第二排水沟、第四排水沟、永二干沟、银新干沟等。

银川市湿地面积47 000多公顷，面积在1公顷以上的湿地共有430多块，其中自然湖泊近200块，面积100公顷以上的湖泊有20多块。银川湖泊湿地分布密度大，在西部干旱半干旱地区少见，被誉为“塞上湖城”。

银川市西部为贺兰山，南北走向，崖壁陡峭，冲沟发育，发育多条季节性冲沟，从北向南有插旗口沟、贺兰口沟、苏峪口沟、拜寺口沟、小口子沟、榆树沟、大井沟等二十余条冲沟，其中苏峪口沟和小口子沟较为典型，多次发生泥石流，受到气象、地质、应急等部门广泛关注。灵武市东山山前冲沟较发育，从北向南分布有二道沟、泽沟、庆沟、庙儿沟、竹家沟等，大部分为季节性沟谷，无常年性地表径流。

## 2.4 地形地貌

根据宁夏地貌分区，银川市地貌总体可划分为山地、平原和台地三种地貌类型，从西向东依次是剥蚀侵蚀拉张型断块高中山（$\text{I}_1$）贺兰山、平原和干燥剥蚀台地（$\text{III}_1$）。

### 2.4.1 山地

贺兰山南北长220 km，东西宽20~40 km。南段山势缓坦，三关口以北的北段山势较高，海拔2 000~3 000 m。主峰亦称贺兰山，贺兰山最高峰为敖包圪垯，海拔3 556 m。山地东西不对称，西侧坡度和缓，东侧陡立。

### 2.4.2 平原

银川市地处银川平原中部。银川平原被围限在贺兰山、牛首山和鄂尔多斯台地之间，成为一个盆地式平原，主要由黄河冲积和贺兰山洪积形成，海拔高度1 090~1 400 m，地势平坦，为宁夏地势最低处。黄河以西，地形总的趋势是西高东低，南高北低，东西坡降大，南北坡降小，西部近山地带坡降10‰~30‰，向东至黄河附近降至0.17‰~1‰，南北坡降约0.3‰。黄河以东，地形自东向西缓倾，地形坡降1‰~3‰。

### 2.4.3 台地

主要分布在银川东部及灵武境内，地貌类型为干燥剥蚀台地（$\text{III}_1$），地形波状起伏，岗地与洼地相间。多海子、多盐湖。沙丘、沙地散布。海拔高程1 200~1 500 m，相对高差200~300 m。地形呈梁丘状、缓丘状。其间发育有坳谷洼地、沟谷、荒漠等次级地貌单元。

分布于灵盐台地西缘的马鞍山、猪头岭、面子山和杨家窑山统称灵武东山，其位于灵武市东部，西邻银川平原。马鞍山孤立分布于灵武东山的北段，与猪头岭被大河子沟分隔，猪头岭、面子山和杨家窑山自北而南断续展布。

## 2.5 地层岩性

银川市综合地层分区属华北地层分区（$Ⅲ4^{1}$）和鄂尔多斯地层分区（$Ⅲ4^{2}$）。华北地层分区包括贺兰山地层小区（$Ⅲ4^{1-1}$）、桌子山–青龙山地层小区（$Ⅲ4^{1-2}$），灵武东部局部为盐池–环县地层小区（$Ⅲ4^{2-1}$）。出露太古界基底，古生界地层缺失上奥陶统、志留系、泥盆系以及下石炭统。主要出露地层为古元古界、中元古界、新元古界、寒武系、奥陶系、石炭系（C）、二叠系、白垩系、古近系、新近系及第四系，各地层单元岩性特征如下：

### 2.5.1 古元古界（$Pt_1$）

古元古界英云闪长岩（$\gamma\delta o$ $Pt_1$）：为中—酸性侵入岩，由黄旗口岩体（或岩基）和白杨沟岩体构成。黄旗口岩体分布于贺兰山中段南水—白寺口沟一带，呈近南北向长卵形展布，北部被断层切割，东边为第四系覆盖，西与长城纪黄旗口组不整合接触，未见侵入于其他地质体中，呈岩基状产出，岩石类型复杂，以英云闪长岩为主体，次为花岗闪长岩、二长花岗岩、花岗岩，局部出现富石英花岗岩。白杨沟岩体呈南北向长条状出露于贺兰山西侧柳门子沟、白杨沟、草渠沟一带，岩体由单一的英云闪长岩组成，岩石呈灰色、浅绿灰色，中粒花岗结构，块状构造。

### 2.5.2 中元古界（$Pt_2$）

中元古界主要分布于贺兰山中—北段，贺兰山地区华北克拉通（超）大陆边缘沉积盖层，属滨浅海相碎屑岩—碳酸盐岩建造，呈角度不整合覆于克拉通结晶基底之上。地层走向近于南北，下部为碎屑岩，上部为碳酸盐岩，由下至上可划分为青白口系黄旗口组、王全口组。

### 2.5.3 新元古界（$Pt_3$）

新元古界仅有震旦系，缺失青白口系和南华系，主要分布于贺兰山中段，为一套与冰川活动有关的冰水沉积，据岩性可划分为下部正目观组和上部兔儿坑组两个岩石地层单位。

### 2.5.4 寒武系（∈）

寒武系地层发育良好，且层序完整，沉积岩相复杂，主要出露于贺兰山北段，为一套滨海—浅海相砂、页岩和碳酸盐相沉积，岩性和岩相变化不大，古生物化石丰富，厚度比较稳定，各统、组间均为连续沉积，下与震旦系有明显的沉积间断，上与奥陶系下统整合接触。自下而上为陶思沟组、胡鲁斯台组、阿不切亥组。

### 2.5.5 奥陶系（O）

奥陶系地层出露广泛，发育较全。其下整合于寒武系之上，与上石炭统太原组角度不整合接触。下统马家沟组主要分布于贺兰山北段小松山、五条山等地，属典型的碳酸盐台地相沉积，岩性以白云岩、灰岩为主，古生物化石有头足类、腹足类、腕足类及三叶虫；中统为米钵山组砂岩、页岩夹灰岩的类复理石建造，产笔石，属于半深水—深水相浊流沉积组合，岩相极具变化。两种沉积组合的沉积特征有着明显的不同，代表着两种不同类型盆地的沉积。

### 2.5.6　石炭系（C）

石炭系主要出露于贺兰山中段的苏峪口响水—插旗口地区，为一套海陆交互相的含煤碎屑岩沉积建造，岩性为石英砂岩、钙质砂岩、粉砂岩、粉砂质泥岩、砂质、炭质页岩夹煤层。角度不整合于早古生代地层之上，自下而上分为土坡组和太原组。太原组是一个跨时代岩石地层，其与下伏土坡组为连续沉积，岩性岩相相似。

### 2.5.7　二叠系（P）

二叠系地层在贺兰山苏峪口西侧发育较好，在贺兰山西夏区段南部零星出露，与上石炭统太原组呈连续沉积。下部为滨海沼泽相含煤碎屑岩建造，上部为河湖相红色碎屑岩建造，岩性为石英砂岩、长石石英砂岩、泥岩、粉砂岩等，自下而上划分为山西组、石盒子组、石千峰组。

### 2.5.8　白垩系（K）

白垩系宜君组在灵武东山、马跑泉一带广泛分布，沟道两侧山坡上大面积出露，局部沟底侵蚀接触带亦可见，岩性为灰、杂色砾岩，砾石成分较复杂，有石英岩、灰岩、砂岩及变质岩等，砾径一般为5~10 cm，大者达20~30 cm，分选性、磨圆度均较差。厚度变化较大，变化为6.7~242.8 m。

### 2.5.9　古近系（E）

古近系清水营组（E3q）地层主要分布在灵武东山北部两侧，其他均为零星分布，地层岩性主要为紫红色泥岩、粉砂质泥岩、泥质粉砂岩夹砖红色砂岩，局部含条带状石膏。

### 2.5.10　新近系（N）

新近系彰恩堡组（N1z）零星分布于灵武市，地层岩性主要为橘红色砂质泥岩、灰白色砂砾岩，表层风化较强烈。

### 2.5.11　第四系（Q）

第四系地层在区域内最为发育，广泛覆盖于贺兰山和台地之外的平原地带，出露面积占整个银川市的30%~40%。依沉积物特征、地貌条件及其相互关系，第四系可划分为中更新统洪积层、全新统下部洪积层、风积层、冲积层、湖积层和风积层等成因类型。银川市第四系地层主要为上更新统洪积层和全新统洪积层。

上更新统洪积层广泛分布于贺兰山东麓，构成山前洪积扇，自扇顶到边缘呈粗、中、细粒有规律地分布，粗粒相为砾石和砂砾石，砾石成分因地而异，为次棱角状—半圆状，分选差，砾径0.5~50 cm 不等，最大可超过1 m，中粒过渡相为砂砾石夹含砾砂土；细粒相为灰黄色黏质砂土。据钻孔资料，贺兰山东麓这套洪积层厚度大于100 m。

全新统下部洪积层，主要分布于贺兰山各大沟谷及其支沟中。上游以大颗粒漂石、块石为主，分选较差，呈棱角－次棱角状，中下游以中细粒沉积物为主，多为卵石、砂砾石，呈次圆－椭圆状。

## 2.6　地质构造与地震

### 2.6.1　地质构造

（1）大地构造

银川市大地构造位于华北板块（Ⅲ），以车道－阿色浪断裂为界，其西侧为鄂尔多斯地块（Ⅲ$5^{1}$）的鄂尔多斯西缘中元古代－早古生代裂陷带（Ⅲ$5^{1-1}$），东侧为鄂尔多斯中生代坳陷（Ⅲ$5^{1-2}$）。自西向东划分为4个Ⅴ级构造单元，分别为贺兰山褶断带（Ⅲ$5^{1-1-1}$）、银川断陷盆地（Ⅲ$5^{1-1-2}$）、陶乐－彭阳冲断带（Ⅲ$5^{1-1-2}$）和天环向斜（Ⅲ$5^{1-2-1}$）。

①贺兰山褶断带（Ⅲ$5^{1-1-1}$）

位于鄂尔多斯西缘中元古代—早古生代裂陷带西北部，是鄂尔多斯地块的西部边界地带，也是该带中变形最强烈的区域。在早古生代裂陷沉积和晚古生代中晚期上叠盆地沉积基础上，中生代以来，发生了以褶皱和逆冲断裂为主的强烈变形，多期次构造交织，新生代逆冲推覆构造发育，构成了鄂尔多斯地块西缘最强烈的构造变形带。

②银川断陷盆地（Ⅲ$5^{1-1-2}$）

喜马拉雅期盆地东、西两侧北北东向断裂右行走滑拉分形成断陷盆地，可能萌生于始新世，在中新世末断陷沉降活动加剧，形成巨厚的古近系—新近系沉积，第四纪仍有活动。盆地内新生界厚度变化受基底构造的控制，中部凹陷区是沉降最深的部位，自渐新世以来，沉积了厚达9 000 m 的新生代沉积物。盆地内一系列倾向相同的 NNE 向正断层，使地层逐级由两侧向中心错落，形成阶梯状地层结构。基底凹陷中心与沉降中心相吻合，总体上盆地内古近纪—新近纪沉降中心靠盆地西侧，且北部厚于南部。中部凹陷区内自北而南分布着平罗北、常信、银川北三个次级凹陷，第四系厚度超过2 000 m。盆地内沉降中心从古近纪—新近纪到第四纪，由南向北迁移。新生界在盆地南北两端较薄，南端吴忠南第四系厚147 m，北端的石嘴山石炭系和二叠系甚至出露地表。

③陶乐—彭阳褶断带（Ⅲ$5^{1-1-3}$）

展布于车道—阿色浪断裂以西、黄河断裂与青铜峡—新集断裂以东地区，东接天环复向斜带，西邻银川断陷盆地与卫宁北山—香山弧形冲断带。自北而南可分为四段：桌子山褶断带、陶乐—横山堡陆缘褶断带、韦州—马家滩褶断带、车道—彭阳褶断带。

④天环向斜（Ⅲ$5^{1-2-1}$）

由早白垩世保安群组成的向斜构造，向斜轴向近南北向，常舒缓波状弯曲，长逾100 km，宽约20 km。东翼宽缓，倾角一般3°~5°；西翼较陡，倾角一般7°~9°。据钻探和物探资料揭示，其轴部地层为泾川组、罗汉洞组，两翼多为罗汉洞组和宜君组，东翼由罗汉洞组、环河组和洛河组组成。复向斜内部尚发育一系列宽缓的次级褶皱，局部在一翼上发育有一些小型近东西向鼻状构造。地球物理特征上，复向斜轴部重力值较低，向两翼递增。

（2）断裂

银川市境内断裂构造发育，主要区域断裂有六条，分别为贺兰山东麓断裂带（F1）、芦花台断裂（F2）、银川断裂（F3）、黄河断裂（F4）、沙葱沟断裂（F5）和车道－阿色浪断裂（F6）。

①贺兰山东麓断裂（F1）

该断裂带是第四纪银川地堑的西侧构造边界，由多条断裂组合而成，平面上呈折线状。断面向南东倾斜，延伸长170 km，为右旋走滑性质的正断层，断裂切穿了晚更新世和全新世地层。沿断层带分布着1739年平罗8级地震留下的错动遗迹，在红果子沟口错断了明代长城。沿贺兰山东麓断裂带，多处见到切割第四系地层的断面及相应的断层崖。该断层属正断层，断面倾向南东方向，倾角70°~80°。该断层全新世早期以来平均位移为2.1 mm/a。据研究结果，贺兰山东麓断裂带是一条以正断为主兼具走滑运动的活断层。

②芦花台断裂（F2）

该断裂隐伏在银川盆地内。南起银川西南过西夏区西侧，向北北东延伸过暖泉农场、西轴西侧到简泉农场六队，走向20°左右，长约80 km，倾向东南，断层上部较陡，向下变缓，剖面上呈铲形。它是银川地堑西部斜坡区与中央断陷区的分界断层，断层西盘新近系直接覆盖在古生界之上，缺失渐新统，而东盘则是渐新世沉积区，且厚度巨厚。断层的垂直断距在银川西为3 000 m，黄渠桥西为3 400 m，呈自南向北增大之势新裂在深度12~12.5 km交会到向东缓倾的贺兰山东断裂上。该断层南部最新活动时代在中更新世。

③银川断裂（F3）

银川断裂北起黄渠桥，南至永宁，延伸长度85 km，为一条NNE走向西倾的隐伏正断层，倾角45°~77°，最大断距3220 m，断距由南向北变小。在古近纪时，该断裂控制沉积盆地的东界，至第四纪直到现代仍有持续活动；另外，该断裂与1739年平罗大地震及震区在空间上存在一致性，断裂西倾与等震线西疏东密相呼应，被认为是1739年平罗地震的发震构造。

④黄河断裂（F4）

该断层控制银川盆地东界，北起石嘴山经陶乐至灵武南，全长130 km，走向北北东，断面上陡下缓，倾角49°~66°，倾向北西西，为一正断层，切割古近系、新近系，银川市东断距2 800 m，向北断距逐渐减小，贺兰县东北1 500 m，陶乐附近800 m，至石嘴山仅300 m，第四纪仅部分地段有活动。

⑤沙葱沟断裂（F5）

该断裂分布于灵盐台地内，走向NNE~NE，延伸32 km以上。断裂南东侧为刘家庄复背斜，北西侧为横山堡复背斜。断裂向北东收敛，南西撒开，控制了灵武煤田煤层的分布和走向。在黎家新庄附近见该断层面陡立，略向北西倾斜，倾角约80°，为正断层性质。断层面被上更新统黄土及砂砾石层覆盖，表明晚第四纪以来已停止活动。

⑥车道－阿色浪断裂（F6）

该断裂北起桌子山东麓阿色浪北，大致沿107°线以西呈南北向发育，经马家滩东、车道坡、冯庄直抵平凉以东，在灵武市内长约280 km。它构成鄂尔多斯西缘前陆冲断带和前陆盆地分界。在萌城以南，断面西倾，倾角40°~50°，部分地段达75°，为逆冲推覆断层。据地震资料，断距200~3 000 m，自北向南断距减小。该断裂明显地控制了中新生界的分布与发育。如断裂两侧第三系的岩相、厚度有较大差异，东侧以河流沉积为主，西侧以山麓堆积相为主。

### 2.6.2　新构造运动

银川地区新构造运动强烈，主要表现为第四纪以来晚喜马拉雅运动产生的银川断陷盆地和活动断裂。

（1）银川新生代断陷盆地

银川新生代断陷盆地亦称银川地堑，与贺兰山山体基本平行。

其北起于石嘴山以北的正义关断裂，南界达小罗山北麓一带，东界为黄河—灵武断裂，西界为贺兰山东麓断裂。石嘴山至银川、永宁段盆地走向为北东30°，临河堡—青铜峡以南和石嘴山以北为南北走向，总体呈反“S”形。北东段长达110 km，南北段长达130 km，宽度20~50 km，为南北两端窄中间宽的新生代地堑。

银川地堑形成于渐新世初，直至现代仍持续沉陷，其形成的构造动力机制与印度板块—欧亚大陆的A型俯冲和陆-陆碰撞构造效应有关，即在燕山期形成银川隆起带基础上，早喜马拉雅运动形成拉分型银川地堑，并与贺兰山地垒、巴彦浩特断陷盆地一起构成典型的盆-岭构造。

（2）银川盆地断裂

①贺兰山东麓断裂

贺兰山东麓断裂带与贺兰山山麓线大体平行，地貌特征与遥感影像十分显著。断裂北起石嘴山西，向南西经汝箕沟口、插旗口、苏峪口、紫花沟口到头关，于井石子梁再折向南南东，朝邻区牛首山东麓—大罗山方向继续延伸，并转成近南北走向。

贺兰山东麓阶梯状正断裂具有多期性活动特点，其形成于早燕山期，属压扭性活动；喜山期沿先存断裂继承性活动，但断裂性质已截然不同，属左行张扭性断裂。其主要断裂之一的贺兰山东麓大断裂构成银川地堑西界断裂，其形成时代与银川地堑同步，属盆地同生断裂，开始形成于渐新世初，大体完成于上新世晚期，新构造运动期间的张扭性活动仍十分活跃，显示贺兰山体持续上升，银川盆地继续下陷的过程。

②黄河—灵武断裂

黄河断裂是银川地堑的东部边界构造，长度160 km，按断层活动性和出露情况，可分为三段：南段和北段为裸露地表，中段为隐伏段。北段红崖子一带地表发育有规模宏大的断层崖地貌，断层崖高10~20 m，崖坡陡峻。沿陡崖多处见断面出露，显示晚更新世期间有过活动。南段称灵武断裂，属于晚第四纪活动最为显著的段落，展布在银川河东机场、灵武东山西麓至大泉一带，控制了银川盆地南部第四纪沉降中心，断裂北起水洞沟，南至大泉，长48 km。

### 2.6.3 地震

银川地区位于中国南北地震带北段，是一个晚近时期仍在活动的构造带，其活动断裂集中分布于银川盆地轴部的银川—平罗一线以及西缘的贺兰山东麓断裂带上。由于贺兰山东麓断裂、银川—平罗断裂、黄河—灵武断裂等活动断裂的存在和作用，致使银川盆地在我国历史上多次地震。区域上与强震中心平罗周城相邻，灵盐台地以西的银川市大部分处于Ⅷ地震烈度带，地震动峰值加速度为0.20 g（表2-1）。从1143年至1739年的近600年间，银川地区共发生过7次5级以上的破坏性地震。1739年发生的平罗8级大地震，极震区长轴方向为北北东向，震中位于平罗周城（距离大武口仅40余公里），震中烈度Ⅹ度。此次地震极震区地裂缝宽数米涌水冒沙，淹没村庄。

近几十年来银川盆地内小震屡有发生，从1963年以来，银川盆地共发生4级以上地震33次，其中有感地震18次，中强震15次。自1988年至今，银川盆地未发生5级以上的地震。银川盆地内最近发生2次有感地震，均发生在2014年1月，震中分布在平罗和银川兴庆区，震级分别为2.5级和2.4级；最近一次4级以上地震为2012年11月20日银川市辖区和永宁县交界处，此次地震震级为4.5级，当日地震对整个银川盆地距震中100 km 范围内有强烈震感。从以上地震记录可以看出，不论从强度还是频度上看，银川盆地都是地震活动极为活跃的地带。

表 2-1　地震动峰值加速度分区与地震基本烈度对照表

| 地震动峰值加速度分区（g） | ＜0.05 | 0.05 | 0.1 | 0.15 | 0.2 | 0.3 | ≥0.4 |
|---|---|---|---|---|---|---|---|
| 地震基本烈度值 | ＜Ⅵ | Ⅵ | Ⅶ | Ⅶ | Ⅷ | Ⅷ | ≥Ⅸ |

灵武市东部位于鄂尔多斯地台西缘的灵盐台地内，地台相对稳定，有地震记载以来，未发生过中强震，主要受东部地震的影响。区域地震主要集中在灵武－吴忠和银川－平罗两段，以5级地震为特征，属于中强地震活动地段。据地震历史记录，银川和灵武附近最大地震的震级为6级，但对该地区影响最大的是1739年银川－平罗8级地震，烈度达到Ⅹ度。灵武至吴忠地区，自1961年以来发生了5次5级地震，其中1961年和1988年两次地震为双震型。灵武东部处于Ⅶ地震烈度带，地震动峰值加速度为0.15 g（表2-1）。

## 2.7　工程地质条件

银川市岩体集中分布在贺兰山区和灵武局部低山丘陵区，根据岩土体形成条件、结构、岩性、力学特性及工程地质特征的差别，岩体可分为3个工程地质岩组，土体主要分布在平原区和山间沟谷。

### 2.7.1 岩体类

贺兰山内岩石地层丰富，根据岩石成因可划分为岩浆岩类、变质岩类和沉积岩类。灵武主要出露的岩体为软弱的厚层砾岩岩组。

按照岩体类型、结构、岩石力学性质等将其划分为3个工程地质岩组。

（1）坚硬的块状古元古界英云闪长岩（γδo Pt1）

为研究区内最古老的岩体，分布于贺兰山拜寺口、黄旗口、椿树口一带，岩性为英云闪长岩。英云闪长岩呈块状结构，容重2.67 $g/cm^2$。孔隙比0.021，吸水率0.37%，干抗压强度1784 $kg/cm^2$，软化系数0.69，摩擦系数0.53，岩石表面风化强烈，新鲜面则非常坚硬。

（2）坚硬的块状石英岩、白云岩岩组（Ar+Pt）

石英岩、白云岩岩组主要分布于贺兰山北部中段，岩性为中—厚层状石英砂岩、石英岩，石质坚硬，致密或较致密，二者物性相似。石英岩干抗压强度2 000~3 600 $kg/cm^2$，风化程度较弱，但由于不同地带的石英岩受构造影响程度不同，其物理力学性质也差异很大。

（3）坚硬的中厚层状灰岩、砂岩岩组（∈+O）

主要分布于贺兰山中南部套门沟一带，多为厚层灰岩，局部夹有薄层砂岩。灰岩岩溶不发育，岩石完整、坚硬，干抗压强度为765~867 $kg/cm^2$，抗拉强度23 $kg/cm^2$。

（4）软弱的厚层砾岩岩组（$K_1y$）

主要出露于灵武东山，岩层主要为白垩系下统宜君组的灰白、浅红及灰色的砾岩夹砂岩，砾状结构，钙质胶结，呈水平层理构造，抗风化能力较弱。根据风化程度可细分为强风化砾岩（节理裂隙发育，遇水或暴露在大气中极易软化崩解，厚度一般为3~10 m，允许承载力250~400 kPa）和中等风化砾岩（节理裂隙较发育，遇水或暴露在大气中易软化，厚度大于50 m，允许承载力400~600 kPa）。

### 2.7.2　土体类

砾质土、砂砾质土：分布于贺兰山及灵武东山沟谷和山前洪积倾斜平原地带，岩性粗粒相为砾石和砂砾石，砾石成分因地而异，为次棱角状—半圆状，分选差，砾径0.5~50 cm，最大可超过1 m；中粒过渡相为砂砾石夹含砾砂土；细粒相为灰黄色粘质砂土。

黄土类土：主要分布于灵武沟谷两侧山坡上，盖帽于下覆砾岩之上。岩性主要为第四系马兰黄土，黄褐色，厚0.2~0.5 m。该层土体结构疏松，具孔隙及柱状节理，针状孔隙发育，易湿陷而形成洞穴，具有湿陷性。

## 2.8　水文地质条件

地下水的赋存条件与分布规律严格受地质构造、岩性结构、地形地貌等因素的控制。根据地质、地貌和水力特征，银川市地下水类型主要为基岩裂隙水、碎屑岩类裂隙孔隙水和第四系松散岩类孔隙水。

### 2.8.1 地下水类型

（1）基岩裂隙水

基岩裂隙水分布于贺兰山区。贺兰山岩体在多期构造运动及风化等地质营力作用下，断裂、裂隙，尤其是风化裂隙较为发育，为裂隙水的形成、赋存创造了有利条件。基岩裂隙含水层富水性取决于裂隙发育程度和补给条件，因此各地段的富水性变化很大。

（2）碎屑岩类裂隙孔隙水

碎屑岩类裂隙孔隙水主要分布在灵武地区，根据含水层岩性特征分为红层层间水含水岩组和一般碎屑岩裂隙孔隙水含水岩组两个亚组，富水性一般较弱。

（3）第四系松散岩类孔隙水

主要指赋存于银川平原区第四系松散堆积物中的地下水。银川平原堆积了巨厚的第四系松散岩类，依据银川平原所处的地貌位置、含水层结构、水力性质将其分为贺兰山东麓洪积倾斜平原单一潜水和冲洪积、冲湖积平原潜水—承压水多层结构含水层潜水，富水性好。

### 2.8.2 地下水的补给、径流、排泄条件

贺兰山至东麓洪积倾斜平原区到冲洪积、冲湖积平原区，地下水构成了一个较完整的地下水循环系统。大气降水是贺兰山区地下水的唯一补给来源。大气降水大部分汇集于沟谷形成地表径流，流出山口后，部分下渗补给山前洪积倾斜平原地下水；另一部分通过岩石裂隙和断裂通道渗入地下形成基岩裂隙水。基岩裂隙水沿地势向沟谷汇集，至沟谷或以下降泉的形式排出地表，转化为地表水，或形成沟谷潜水，以地下径流形式排泄于山前，侧

向径流补给洪积倾斜平原地下水。贺兰山区和山前洪积倾斜平原地下水力坡度大，地下水径流畅通，其动态变化较平稳，一般以地下径流方式侧向补给冲洪积、冲湖积平原区地下水。冲洪积、冲湖积平原区地势平坦，灌排系统发达，地下水在接受大气降水、渠系渗漏和田间灌溉补给的同时，又以蒸发、人工开采、排水沟、地下侧向径流等的方式进行排泄。

灵武台地区，构成一个较完整的区域地下水循环系统，其补给、径流、排泄条件因地貌单元的不同而形式各异。南部丘陵区主要受大气降水的渗入补给，并接受少量西侧牛首山的基岩裂隙水的侧向径流补给。因丘陵区由古近系、新近系泥质岩层组成，产状平缓，大气降水入渗条件差，灵武基岩裂隙水的侧向径流补给有限，故地下水一般比较匮乏。由于泥质岩层的渗透性差，径流异常缓慢，故水质较差。其排泄主要是以侧向径流的方式补给局部第四系地下水。

## 2.9 人类工程活动

银川市是宁夏回族自治区首府、国家历史文化名城，随着城镇建设、资源开发、交通设施建设、水利工程建设及旅游开发等各项活动不断加强，一方面这些人类工程活动极大地推动了经济的快速发展和社会的进步，另一方面，这些人类工程活动改变了自然环境和地质环境，可能引发一系列的地质灾害。

银川市对地质环境影响较大的主要人类工程经济活动包括城

市建设与房地产开发、交通设施建设、水利工程建设、矿产资源开发和旅游开发等五个方面。

### 2.9.1 城市建设与房地产开发

随着银川市的不断扩张，大规模的城市建设不断推进，包括新的住宅、商业、办公等建筑的修建，以及城市基础设施的建设与完善，这不仅改变了城市的面貌，也为居民的生活和经济的发展提供了基础条件。在建设过程中，可能会改变地形地貌和岩土体的原始状态，破坏原有的地质结构稳定性，例如过度的基坑开挖和填方堆载可能引发滑坡、崩塌等地质灾害的潜在风险。

### 2.9.2 交通设施建设

交通基础设施如机场、公路、铁路的建设提高了城市的交通便利性和区域的交通连接性。在山区修建铁路、公路时，开山炸石、填方挖方等作业会破坏山体原有的稳定性，同时会改变地表水流的路径，容易发生滑坡、崩塌泥石流地质灾害。隧道挖掘会改变地下岩层的应力分布，在隧道周边可能会出现岩石变形、开裂等现象，导致地面塌陷或地裂缝的产生。

### 2.9.3 水利工程建设

为了满足城市的用水需求和农业灌溉需求，银川市建设了一系列的水利工程，如水库、水渠、泵站等。对一些河流和湖泊进行了治理和改造，如对黄河银川段的河道整治、对典农河的水系连通和生态修复等，改善了水环境和水生态。

近年来实施的贺兰山东麓防洪工程和银川河东国际机场四期扩建防洪工程，降低或消除了银川河东国际机场、葡萄长廊、产业园区、城镇村庄、农田林地等面临山洪、泥石流灾害的威胁。

### 2.9.4　矿产资源开发

银川市拥有一定的矿产资源，采矿活动较为活跃。露天采矿过程中，大规模的山体开挖和矿石爆破等作业会破坏山体的完整性和稳定性，容易引发山体滑坡和崩塌等灾害。同时，采矿产生的废渣和废石如果随意堆放，在遇到强降雨等极端天气时，可能会形成泥石流等次生地质灾害。

地下采矿会形成采空区，使上方的岩石和土体失去支撑，从而导致地面塌陷和地裂缝等地质灾害。

### 2.9.5　旅游开发

银川拥有丰富的旅游资源，如贺兰山等，为了发展旅游业，进行了一系列的旅游开发项目，包括景区道路、景观设施以及旅游配套设施的建设。这些建设可能会对周边的自然环境和地质环境产生一定的影响，引发如崩塌、滑坡、泥石流等地质灾害。

# 第 3 章　地质灾害发育特征及分布规律

银川市地质灾害主要分布于贺兰山东麓和灵武东山的马鞍山、面子山、杨家窑山等低山丘陵区，类型主要为泥石流，少量崩塌。地质灾害对交通、水利、旅游设施及人民群众的安全造成了一定的威胁，影响了当地社会经济的发展。

## 3.1　地质灾害类型

根据2023年地质灾害地质隐患排查成果，银川市地质灾害隐患30处，按灾害类型分为泥石流和崩塌，其中泥石流26处均为沟谷型泥石流，崩塌4处；按规模等级划分为大型、中型、小型3类，其中大型1处（泥石流1处），中型7处（泥石流7处），小型22处（泥石流18处、崩塌4处）；按险情等级划分中型和小型2级，其中中型险情等级2处（泥石流），小型险情等级28处（泥石流24处，崩塌4处）。威胁对象主要为公路、铁路、水利设施、旅游景区、居民点等，威胁财产2 715万元（图3-1）。

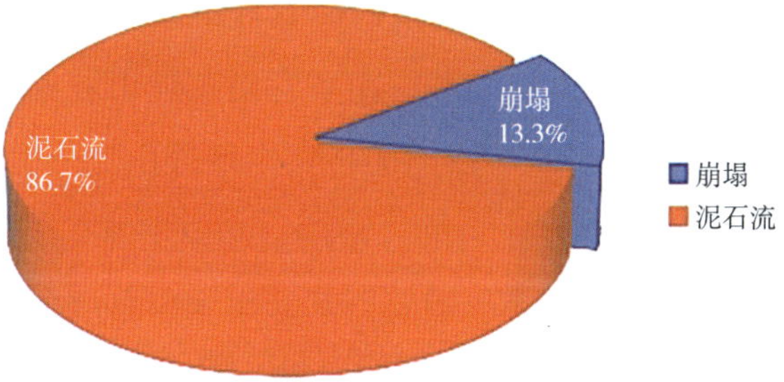


图3-1 银川市地质灾害类型及比例饼图

### 3.1.1 崩塌

贺兰山区崩塌现象普遍，但被定义为地质灾害隐患的仅有4处，其中2处位于苏峪口沟，另外两处分别位于贺兰沟和小口子沟，均为岩质崩塌，规模等级小型，塌破坏方式分为倾倒式、滑移式、坠落式三种类型，以倾倒式为主。

### 3.1.2 泥石流

泥石流是山地和丘陵区最常见的地质灾害，分布于具有一定规模的沟谷及其支沟中。根据《滑坡崩塌泥石流灾害调查规范（1：50000）》（DZ/T 0261—2014），对银川市内26条泥石流按形成的水源成因、物源成因、集水区地貌特征、泥石流物质组成、流体性质等七个方面进行分类统计描述。

（1）水源类型

从水源类型考虑，上述26条泥石流均为暴雨型泥石流，均由暴雨因素激发而形成。

（2）流域特征

按流域形态划分，银川市内泥石流可划分为山坡型泥石流和沟谷型泥石流，在调查中发现在贺兰山东麓山坡型泥石流现象普遍，多发育在形成区30°以上的自然山坡或山坡上的雏形沟谷里，其物质来源于高陡边坡崩落、塌落、滑落下来的碎石和坡积物，一般厚0.5~2 m，碎石含量较高，其形态多呈条状或片状，沟槽不明显，沟槽纵坡与坡面基本一致，无明显的流通段。这类泥石流一般规模小，过程短，但来势猛，冲击力强。

（3）物质组成

按照颗粒物质组成，上述26条泥石流均为水石流，物源成分由不均匀的卵石、砾石和砂砾组成，粒径大，根据取样实验结果显示，卵砾石一般占固体物质总量的85%~90%，而粉砂、黏土颗粒物质含量少，仅占10%~15%，多充填于块石之间，在泥石流运动过程中极易被冲洗掉，其堆积物以粗大的碎屑物质为主。

（4）流体性质

按照流体性质，上述26条泥石流均属于稀性泥石流。其发生时的流态特征主要是固液相分离，流体内水的含量多于固体物质，由稀性浆体与砂砾石块组成，浆体起着搬运介质的作用，粗颗粒物质多以推移、滚动、跳跃式运动。因受紊流运动的影响，紊动性强，浮托力小，无明显的阵流，容重一般较小。沉积后，固体物质由于有明显垂直交换，堆积物分选较好。

（5）发育阶段

根据本次野外调查，上述26条泥石流按发育阶段划分均为衰败期泥石流，分布于贺兰山和灵武东山的各大沟谷及支沟中，沟坡趋于稳定，以河床侵蚀为主，逐步由淤积转为冲刷。

（6）堆积物体积

上述26条泥石流灾害按照堆积物体积方量可以划分为大型、中型和小型三类，小型泥石流占绝大多数，其中大型1处，中型7处，小型18处。

（7）暴发频率

根据泥石流发生历史，上述26条泥石流中的5条泥石流均属中频暴发泥石流，21条泥石流属于低频暴发泥石流。

## 3.2 地质灾害发育特征

### 3.2.1 崩塌

贺兰山东麓陡峻坡体崩塌现象普遍，在陡立或临空边坡地段，岩体风化及道路修建时爆破、坡脚开挖等活动使岩体松动，斜坡整体性变差，在自重力所产生的倾覆力作用下，沿节理或风化、卸荷节理裂隙面脱离母体，产生崩塌，危及公路、景区设施及行人。崩塌具有突发性，且大多发生于暴雨、连阴雨过程中或之后，前兆迹象不明显，变形模式以剥落掉块为主，发生突然，预防困难。

### 3.2.2 泥石流

贺兰山东麓山体陡峭，沟谷蜿蜒狭长，沟岸坡体陡直，泥石流均为水石流，沟谷顺直畅通，堵塞程度轻微，易发程度普遍偏低，发展阶段以衰退期为主。形成区、流通区和堆积区一般可辨。形成区沟谷断面以“V”字型为主，沟道纵比降一般大于200‰。流通区沟谷以“U”字型为主，除苏峪口沟外其余泥石流沟流通区沟道纵比降大于60‰。堆积区位于沟口，平面形态呈扇形，堆积扇完整性较好，扇面地势平缓，坡度2°~5°。洪积扇以下切为主，形成不同宽度和深度的沟槽。扇形地以历史堆积物为主，新近泥石流堆积物大部分位于下切形成的沟槽中，地层以第四系上更新统卵砾石和漂石为主，充填砂粒。洪积扇靠近山体一带大部分为荒地，荒地上砾石遍布，分布少量杂草和低矮灌木。远离山体的堆积扇区大部分已开垦为林地，修建有公路、渠道、拦洪坝和其他房屋建筑。

灵武东山的泥石流沟道一般比较宽缓，以“U”字型为主，沟岸较缓，沟谷顺直畅通，堵塞程度轻微，易发程度偏低，发展阶段以衰退期为主，个别处于消亡期。形成区沟道纵比降50‰~100‰，流通区沟道纵比降20‰~50‰。沟岸堆积物较薄，上部为薄层黄土，下部为少量砾石。沟底松散物堆积厚度0.5~3.0 m，岩性为砂卵砾石，大部分区域被采掘运出作为建筑用砂石料。

## 3.3 地质灾害分布规律

地质灾害在时间和空间上的分布变化规律，既受制于自然环境，又与人类活动有关，往往是人类与自然界相互作用的结果。银川市内现有地质灾害的分布规律可以按空间和时间两方面归纳如下。

### 3.3.1　空间分布规律

银川市地质灾害的空间分布极不均匀，其分布规律明显具有区域分布特点，空间上，与该区域特有的地貌、特殊的地质环境条件及人类工程活动的强度有关，时间上与降水条件密切相关。具体有以下几方面特征：

（1）沿山地、丘陵集中分布

银川市地质灾害分布规律受自然地形地貌条件制约，地质灾害有相对集中和条带状展布的分布规律。泥石流多位于贺兰山东麓和灵武东山山前呈条带状展布，主沟两岸的支沟泥石流或山坡型泥石流沿沟谷密集分布，地质灾害分布密度相对较大。在平原区，尤其是冲积平原区，地形平坦，地质灾害不发育。在贺兰山山地，沿沟谷崩塌发育，为泥石流提供丰富的物源。

（2）与地质构造存在明显的相关性

贺兰山东麓是地质构造强烈发育的地区（段），也是地质灾害危险度较高的区段，区域内崩塌和泥石流发育。该区域受到地壳隆升和贺兰山褶冲构造作用的影响，区域地势起伏较大，山区构造线整体呈北东方向，次为北西向、近东西向和近南北向，次级褶皱、断层极其发育，呈带状分布。岩体在强烈的构造作用下，挤压变形强烈，节理裂隙发育，岩体的完整性遭到破坏。特别是在褶皱轴部波峰和波谷部位，这些构造部位是应力最集中的区域，岩石发生脆性变形也最强烈，不良地质现象发育，岩土体松散破碎，容易发生崩塌、崩落现象，为泥石流提供物源。地质灾害往往发育于此。

（3）地质灾害分布与地层岩性关系密切

贺兰山东麓地质构造活动强烈，沟谷发育，切割强烈，自然山坡坡度大，局部近直立。区域岩层以硬质岩为主，易形成陡峭地形，受区域强烈构造和风化影响，岩体节理裂隙发育，岩体较破碎，在重力作用下沿结构面发生倾倒式、滑移式崩塌，崩落体沿斜坡向下崩落、滚落或跳跃，堆积在坡脚，为泥石流提供必要的固体物源。

灵武东山的山坡上部覆盖地层为黄土及风积砂，易受雨水冲刷流失。基岩以砾岩、砂岩等碎屑岩为主，抗侵蚀能力较弱，易风化形成崩、坡积物。在雨水冲刷作用下向沟谷汇集，为泥石流提供必需的松散物质。

（4）斜坡坡度是地质灾害发生的主要因素

随着坡度的增加，坡体内的剪应力增大，相应的崩塌发生概率也会增大。根据野外调查，调查区域内基岩崩塌均发育在 >60°的斜坡上，崩塌所形成的崩积物，也为泥石流提供物源。

### 3.3.2 时间分布规律

银川市地质灾害发生的时间规律与大气降水规律具有较高的一致性，降雨是调查区诱发地质灾害的主要因素，持续性降雨，特别是暴雨对崩塌、泥石流的影响明显。地质灾害发生的频率与年际降水量多少呈正相关，丰水年地质灾害相对高发，年内主要集中在5—9月份，在日降雨强度大的时间内相对集中。在强降雨时期内灾害发生和降雨基本同步，连阴雨季节灾害发生有不同程度的滞后性。崩塌地质灾害在现代人类工程活动强烈的时段相对集中，大多数主要是近些年由人工切坡修路等不合理的人类工程活动程度不断扩大导致的。

## 3.4 地质灾害危害特征

银川市地质灾害以泥石流为主，少量崩塌，主要集中在贺兰山东麓、灵武东山的马鞍山、面子山、杨家窑山等低山丘陵区。崩塌主要威胁坡下的公路、景区建筑和游人。泥石流威胁范围较广，涉及威胁对象较多，包括公路（国道、省道、县道、乡道、旅游专线等）、铁路、水利设施、旅游景区、居民点、酿酒葡萄种植园、农牧园及农田，一旦发生泥石流均可能成为潜在承灾体，受到极大的威胁。

### 3.4.1　破坏旅游景区

贺兰山古岩画风景区位于贺兰山中段东麓的贺兰沟沟口处，岩画艺术是我国的文化艺术瑰宝之一。自2000年以来，贺兰沟已发生10余次山洪，多处岩画遗迹严重损毁，2016年“8.21”暴雨，形成山洪，摩擦、冲撞岩画石壁，严重损毁岩画防护栏与文物保护堤，对岩画遗址与古村落遗址造成极大威胁，使岩画保护难度增大，泥石流危害性冲击力更大更强，一旦发生泥石流，破坏程度远超洪水灾害。

滚钟口风景区位于贺兰山中段东麓的小口子沟口处，泥石流可淤埋、毁坏流通区和堆积区的景区设施，造成景区停运，毁坏构筑物，伤害景区内游客、工作人员等。

西夏王陵风景名胜区位于贺兰山南段榆树沟下游，是贺兰山东麓沿线的名胜之一，景区周边受地表径流冲刷，沟壑随处可见，榆树沟泥石流或山洪暴发频率虽然低于贺兰山中段和北段诸沟，但是仍然对景区形成潜在威胁。

### 3.4.2 损毁道路

贺兰山东麓建有国道110线、省道104线、滚苏岩画公路、新小公路及下游的旅游专线路、振兴路等交通路线，泥石流暴发时往往直接冲击路基、桥涵，淤埋路面，阻断交通，灾后清理修复需耗费大量的人力物力。而贺兰山东麓沿线104省道与滚苏岩画路穿过东麓诸沟沟口，是泥石流暴发时的首要承灾体。国道110线，在山洪暴发时同样受到冲击淤埋，如2018年7月22日的暴雨引发山洪，造成110国道李家大沟段700 m 路面冲刷，泥沙淤埋深度达50 cm，阻断交通。在灵武东山的马鞍山山前地带，部分沟谷泥石流淤埋县道东临公路，影响交通通行。

### 3.4.3 影响农林牧生产和居民生活

泥石流暴发时会损毁当地水利设施，冲击农牧区与种植园，严重影响当地农业生产与居民生活。1998年5月20日，贺兰山东麓银川以北地区降特大暴雨，东麓诸沟暴发山洪泥石流，苏峪口地区受灾最为严重。据资料统计，防洪堤四处共计500余米损毁，水利设施共计630余处损毁，贺兰山拜寺口至插旗口一带的水利工程遭到严重破坏，引水渠损毁2 180 m，引水墙损毁430 m。

贺兰山东麓是国内外备受瞩目的酿酒葡萄种植区，种植园区位于各冲沟下游。大面积的酿酒葡萄种植基地在历次山洪活动中，损失惨重，2016年8月22日，突降暴雨引发山洪，致使拜寺口沟口下游的葡萄酒示范区严重受灾。

# 第 4 章　泥石流形成机理与成灾模式

## 4.1　泥石流形成机理

泥石流的形成必须具备三个基本条件：有利的地形地貌条件、丰富的补给物质来源、适当的降雨水源激发。从这三个条件分析，前二者属孕灾条件，而决定泥石流形成的激发降雨大小，也是判别一条沟谷在区域性气候控制下是否可能暴发泥石流的条件。

根据泥石流形成的两个基本孕灾条件，可按其对泥石流形成的直接或间接作用类型，分为两个综合因素：一为势能条件，即动力条件；二为物质条件。对这两个综合条件影响的单因子很多：动力综合条件，包括沟谷的流域面积、沟床平均比降、流域山坡平均坡度、流域形态，以及流域内植被覆盖；物质综合条件，包括流域内单位面积松散物储备方量、岩土类型、固体物质补给方式、补给距离、区域地质构造等因素。

### 4.1.1　沟谷流域面积

流域面积的大小，是确定沟谷水动力条件的主要参数，流域面积越大，水动力条件越好；反之则水动力条件越差。但对于泥石流活动，则是当沟谷流域面积在某一范围内最为有利。流域面积小于5 km 为泥石流极活跃的面积区间；5~50 $km^2$为泥石流活跃的面积区间，50~100 $km^2$为泥石流弱活跃的面积区间，大于100 $km^2$为泥石流极弱活跃的面积区间。

贺兰山东麓银川段现有泥石流沟众多，除苏峪口沟流域面积为50.5 $km^2$外，其余主要泥石流沟流域面积位于5~50 $km^2$的泥石流活跃面积区间，大部分支沟泥石流流域面积小于5 $k^2$的泥石流极活跃的面积区间，当条件成熟时，区内容易发生泥石流。

灵武东山泥石流沟的流域面积大部分为5~10 $km^2$，位于泥石流活跃面积区间；少量小于5 $km^2$，位于泥石流极活跃面积区间。按照流域面积进行评判，当条件成熟时，泥石流沟容易发生泥石流，但绝大部分泥石流沟沟谷宽缓，沟床平均比降小，沟床中的松散固体物质很难被运移到下游或沟口位置，不利于泥石流灾害的形成。

### 4.1.2　沟床平均比降

沟床平均比降是直观反应沟床径流的坡度，也是影响沟谷水动力条件的重要参数之一。大量泥石流沟床平均比降统计数据显示有利于泥石流形成的沟床比降峰值为100‰~200‰，相当于5.7°~11.3°，这说明当沟床比降小于100‰时，流域水动力条件太差，沟床中的松散固体物质很难启动；而沟床比降太大时（如>400‰），则相当于松散体的休止角，属滑动类型，而坡面泥石流沟的沟床比降与坡面块体运动，都接近这个角度。

贺兰山东麓银川段大部分泥石流沟沟床平均比降大于6°，其水动力条件较好，沟床中的松散固体物质容易启动，有利于形成泥石流灾害。

灵武东山泥石流沟多为拓宽型“U”型谷，大部分沟床平均比降小于6°，泥石流沟的水动力条件差，沟床中的松散固体物质很难启动，不利于形成泥石流灾害。

### 4.1.3 流域山坡平均坡度

沟谷流域内山坡平均坡度的大小，直接影响到泥石流的活动。从作用上分析，具有双重性：一是山坡坡度的大小，影响地表汇流时间，坡度越大，地表汇流时间越短，洪水峰值大而历时短，极有利于泥石流形成，而坡度越小其情况就完全相反；另一方面是对于滑坡崩塌以及残坡积物参与泥石流活动的可能性大小，坡度越大，地表坡面的松散物质的移动可能性就越强，越有利于泥石流活动。

贺兰山东麓银川段切割强烈，沟谷发育，沟岸斜坡坡度一般大于32°，有利于提高地表汇流速度和斜坡松散物质移动可能性，容易形成泥石流。

灵武东山沟岸山坡坡度一般小于25°，个别小于15°，使得地表汇流时间增长，也不利于地表坡面的松散物质向坡底移动，不容易形成泥石流。

### 4.1.4 沟谷流域形态

贺兰山东麓银川段、灵武东山泥石流沟流域的平面形状呈马蹄状、枝状、羽状、鱼脊状地形，流域形态以椭圆形为主，有利于泥石流活动或坡面汇流。

### 4.1.5 流域植被覆盖

沟谷流域植被的发育，对泥石流活动的影响主要表现为保护地表物质，削减洪水流量与增长汇水时间。但植被对截留和拦蓄径流是有限的，当其地表层达到饱和含水后，就失去保护作用，这说明了植被对泥石流的活动具有一定的抑制作用，但不起主导作用。

贺兰山东麓银川段植被覆盖率低，大部分地带地表裸露，基岩风化强烈，有利于提高汇水速度和松散物质向沟谷移动。

灵武东山植被稀少，地表以草本植物和灌丛为主，大部分山坡坡度较小，雨水向沟底汇集缓慢，不利于松散物质向沟谷移动，泥石流难以形成。

### 4.1.6　流域内单位面积松散物储量

流域内单位面积松散物储量系指沟谷流域内滑坡、崩塌、残坡积、沟床质等不同类型松散固体物质，平均每平方千米内所储备的方量。松散固体物质的储备，是形成泥石流的物质基础。流域内储备方量的多少，直接影响泥石流的暴发频率和性质。

贺兰山东麓泥石流沟流域大部分地带基岩裸露，斜坡类灾害以崩塌为主，滑坡少见，因此松散物主要位于主沟和支沟沟床沟道内，沟道两侧崩、坡积物较少，单位面积松散物储量一般小于$5\times10^4\ m^3/km^2$，松散物储量有限，大部分沟谷泥石流暴发频率较低。

灵武东山泥石流沟滑坡、崩塌现象较少，松散堆积物主要为沟谷中洪积卵砾石层，洪积卵砾石厚度一般为2~5 m，个别冲沟中的砂砾石已被采掘运出，下部基岩近出露；在两岸上坡上零星分布有薄层的粉土、粉砂。整体上区域内大部分沟谷中松散物储量少，提供给泥石流的固体物质有限。

### 4.1.7 流域内岩土性质

沟谷流域内所出露的地层岩性，在很大程度上决定了该流域的物质储备量。

贺兰山东麓大部分地带基岩裸露，岩性为软硬相间和风化、节理裂隙育的硬岩，易形成崩、坡积物，为泥石流提供必要的固体物质。

灵武东山地表土体易冲刷流失，下部基岩抗风化侵蚀能力弱，在雨水冲蚀作用下汇集于坡底，成为泥石流固体组成成分。

### 4.1.8 补给方式

泥石流活动的固体物质补给方式可分为滑坡重力补给型、沟床质起动补给型与介于二者之间的重力—动力补给型三种主要补给类型。

银川市内的贺兰山区和灵武东山丘陵区泥石流大部分为沟床质起动补给型，主要靠暴雨产生的洪水起动沟床中残留的碎屑质而形成泥石流，这类泥石流受沟床中的物质积累过程快慢影响较大，因此该类型的泥石流暴发频率低，但潜在危害较大。

### 4.1.9 补给距离

贺兰山东麓泥石流补给来源以沟床堆积物为主，堆积物厚度一般随纵坡降减小而增厚。支沟堆积物主要位于沟口位置，当受到洪水冲刷时容易汇入主沟并堵塞主沟沟道，对主沟泥石流的形成是有利的。主沟沟道堆积物在不同沟段都有分布，对主沟泥石流的形成影响一般。

灵武东山泥石流补给来源以沟床堆积物为主，中上游松散物厚度一般不厚，受沟谷宽缓及纵坡降较小的影响，堆积物大部分在沟谷中缓慢堆积，松散物很难被运移出沟口堆积。

### 4.1.10　区域地质构造

贺兰山区大地构造位置特殊，属强烈抬升区，地质构造复杂，处于深大断裂带、褶皱带与活动带上，断裂和褶皱造成附近岩体变形与破坏，形成宽度大小不一的破碎带，而且极易形成大面积大规模的不良地质体，为泥石流地形成产生大量松散物质提供了重要的地质背景。

灵武东山大地构造位于华北陆块鄂尔多斯地块西缘，其西侧以黄河大断裂为界与银川断陷盆地相接，区域内褶皱和断裂较为发育，断裂和褶皱造成附近岩体变形与破坏，容易形成崩塌、滑坡等不良地质体，为泥石流的形成提供丰富的松散物质。

## 4.2　泥石流成灾模式

### 4.2.1　发生模式

泥石流的发生除应具备上述形成条件以外，还应具备一定的发展和激发条件，即泥石流的发生模式。泥石流的发生模式包括泥石流发生的固体物质补给模式和泥石流发生的降雨激发模式。

（1）泥石流发生的固体物质补给模式

泥石流发生的固体物质补给模式包括重力侵蚀补给、坡面侵蚀补给和沟床侵蚀补给。银川市泥石流是以沟床侵蚀补给方式为主，重力侵蚀补给和坡面侵蚀补给为辅的补给模式。沟床侵蚀补给方式在贺兰山东麓相当普遍，其特点是降雨产生一种暴发突然、来势凶猛且历时短、具有很大的破坏力的特殊洪流，这种特殊洪流在快速运动过程中不断冲刷沟底物质，同时对沟谷斜坡侧蚀，固体物质含量沿程不断补给，经过不同时间的表层冲刷，当残余层厚度与水动力能量相当时，最终产生揭底冲刷，前端呈舌状，形成整体运动。

（2）泥石流发生的降雨激发模式

银川市泥石流激发模式是由洪水造成的揭底侵蚀的沟床物质起动补给物质形成泥石流，因此降雨是发生泥石流的重要激发条件，也是泥石流活动程度的制约条件。适当的降雨不仅能够为泥石流的形成提供固体物质补给，同时将成为泥石流暴发的激发条件。

（3）泥石流运动状态

贺兰山东麓泥石流沟以“V”型为主，沟谷狭窄蜿蜒曲折，纵坡降大，岸坡陡峭，地质构造复杂，断裂、褶皱极为发育，岩体风化强烈，节理裂隙极为发育，表部岩体较破碎，崩塌（崩落）现象明显，在沟谷中及坡脚堆积了大量的松散堆积物，当遇到合适降雨形成洪水不断冲刷沟底物质，同时对沟谷斜坡侧蚀，最终产生揭底冲刷，成整体运动，便发生了泥石流灾害。

灵武东山泥石流沟较为宽缓，岸坡坡度较缓，松散物储量有限，在降雨量较小的情况下难以启动沟谷和山坡上的松散堆积物，也难以形成泥石流。当降雨较大时，形成的洪水形成在快速运动过程中不断冲刷沟底物质，同时对沟谷斜坡侧蚀，固体物质含量沿程不断补给，经过不同时间的表层冲刷，形成整体运动，形成泥石流。向下游流动的过程中，随着沟床纵坡降的急剧减小，泥石流动能下降，约束减小，在沟谷平缓地带就地堆积，在下一次洪水的冲蚀作用下缓慢向前运移，在合适的位置再次沉积，搬移距离受洪水大小控制。一般降雨条件下很难将大颗粒的固体物质搬运出沟口，仅有细颗粒物质随洪水流出沟口。

### 4.2.2　成灾模式

泥石流在流通区和堆积区对村镇、居民点、工厂、交通、水利设施和矿山设施等承灾体造成毁坏，威胁人民群众的生命财产安全。它的破坏方式主要有淤埋模式、冲毁模式、堵塞河道模式及爬高、超高模式4类，以淤埋模式、冲毁模式为主。

（1）淤埋模式

淤埋是泥石流堆积区常见的破坏形式，可使区域内的村镇、建筑、农田淤埋，造成人员伤亡和财产损失。

（2）冲毁模式

泥石流流速高，挟带大量碎块石，流动过程中产生巨大冲刷和撞击能力，冲毁道路、桥梁、城镇、居民点、矿山，造成巨大的人员伤亡和财产损失。

（3）堵塞河道模式

当泥石流规模较大时，容易在河道形成堰塞湖，发生堵河阻水危害，造成堰塞湖内房屋、农田淹没，并诱发河岸滑坡、崩塌灾害。当堰塞湖溃决时，会使下游遭受洪水和泥石流灾害，造成人员和财产损失。

（4）爬高、超高模式

泥石流流速快、惯性大，在前进过程中遇沟谷转弯或障碍物时，受阻而将部分物质堆积下来，使沟床迅速抬高，产生弯道超高或冲起爬高，越过沟岸或摧毁障碍物，对障碍物和沟岸上的设施造成损毁。

该类模式在贺兰山区沟谷上游狭窄且蜿蜒曲折部位容易发生，其次在沟口部位沟道拐弯处容易发生。在沟道上游狭窄处基本无固定建筑及设施且人员稀少，造成损失有限，但在旅游景区沟口处一般有固定建筑且游人聚集，容易造成人员伤亡和财产损失。

# 第 5 章 典型泥石流成灾机理研究

## 5.1 理论基础与评价依据

### 5.1.1 泥石流暴发概率

在已确定地形条件和物源量的泥石流隐患沟谷中，区域降雨条件是泥石流是否发生的关键因素，查表确定诱发泥石流发生的临界值和暴发线的雨量大小，计算暴雨强度指标 R，通过分析暴雨强度指标 R，判定泥石流暴发的概率。

暴雨强度指标 R 按照《泥石流灾害防治工程勘查规范》（DT/T0220—2006）式（B.1）计算：

$$R=K\left(H_{24}/H_{24(D)}+H_{1}/H_{1(D)}+H_{1/6}/H_{1/6(D)}\right) \quad (5\text{-}1)$$

式中：

$K$——前期降雨量修正系数，无前期降雨时，$K$=1；有前期降雨时 $K$ 大于1；但目前尚无可信的成果可供应用；现阶段可以暂时假定；$K$ 值取1.1–1.2；

$H_{24}$——24 h 最大降雨量，单位为毫米（mm）；

$H_1$——1 h 最大降雨量，单位为毫米（mm）；

$H_{1/6}$——10 min 最大降雨量，单位为毫米（mm）；

$H_{24(D)}$、$H_{1(D)}$、$H_{1/6(D)}$ 分别为该地区可能发生泥石流的24 h、1 h、10 min 的界限降雨量（值），见表5-1。

表 5-1　可能发生泥石流的 $H_{24(D)}$、$H_{1(D)}$、$H_{1/6(D)}$ 界限值表

| 年均降雨分区 /mm | $H_{24(D)}$/mm | $H_{1(D)}$/mm | $H_{1/6(D)}$/mm | 代表地区（以当地统计结果为准） |
|---|---|---|---|---|
| >1200 | 100 | 40 | 12 | 浙江、福建、台湾、广东、广西壮族自治区、江西、湖南、湖北、安徽及云南西部、辽宁东部、西藏自治区东南部等省（区）山区 |
| >800–1200 | 60 | 20 | 10 | 四川、贵州、云南东部和中部、陕西南部、山西东部、辽宁东部、黑龙江、吉林、辽宁西部、河北北部和西部等省（区）山区 |
| 500–800 | 30 | 15 | 6 | 陕西北部、甘肃、内蒙古自治区、北京郊区、宁夏回族自治区、山西、新疆维吾尔自治区部分、四川西北部、西藏自治区等省（区）山区 |
| <500 | 25 | 15 | 5 | 青海、新疆维吾尔自治区、西藏自治区及甘肃、宁夏回族自治区两省（区）的黄河以西地区 |

由于缺乏资料，本次研究利用《宁夏回族自治区暴雨洪水图集》《宁夏水文手册》修编绘制的全区100年一遇各历时的实测最大点雨量均值等值线图、变差系数 $C_V$ 等值线图，查找计算确定小口子沟流域24 h、1 h、1/6 h 等历时最大点雨量作为 $H_{24}$、$H_1$、$H_{1/6}$

最大降雨量。

当$R<3.1$，安全雨情；

$R \geqslant 3.1$，为可能发生泥石流的雨情；

$3.1 \leqslant R \leqslant 4.2$，发生泥石流的概率小于0.2；

$4.2 \leqslant R \leqslant 10$，发生泥石流的概率为0.2~0.8；

$R>10$，发生泥石流的概率大于0.8。

### 5.1.2　泥石流临界雨量阈值

（1）泥石流激发条件—降雨

泥石流形成需要有数量充足的水体（径流），对于苏峪口沟泥石流来讲，水体最主要的来源就是降雨，这成为该泥石流发生的主要水源；一方面水体是泥石流物质的组成部分，泥石流为固液两相流体，液相物质就是水；另一方面汇流过程中水体又是泥石流运动的动力条件，只有当雨水、冰雪融水形成强大的径流，才能携带大量的土石运动并融合为泥石流。

不同成因类型的泥石流有不同的激发条件，雨水泥石流需要暴雨或者大暴雨激发；冰雪消融泥石流的激发因素是当年热季连续数日的高温引起冰雪强烈消融，沟蚀泥石流要求足够大的暴雨径流才能启动。这些暴雨、气温、径流都具有数量界限，即通常所说的界限值，达到或超过界限值，泥石流就将发生或大量发生。

（2）临界雨量阈值研究方法

临界雨量是指一个流域或区域某一时间段内降雨量达到或超过某一量级和强度时，该流域或区域将发生泥石流灾害，把这时的降雨量或降雨强度，称为该流域或区域的临界雨量。在国内外学者研究泥石流临界雨量方法主要分为以下3类：

①实证法

该方法主要是通过对实际的降雨和泥石流灾害资料进行统计分析，得出相应的前期有效降雨量和特征雨量（10 min、30 min、1 h 雨量等）之间的关系，从而绘出雨量阈值曲线。该方法准确度高，需要有非常丰富的、长期的雨量序列资料和灾害资料，通过泥石流的前期有效雨量与泥石流发生当日雨量关系探索泥石流灾害发生规律。因此，仅适用于具有长期观测历史的地区。

②启动法

该方法是通过对于泥石流启动机理的研究，得出降雨量与泥石流启动的关系，从而计算出泥石流的临界雨量值。

③频率法

该方法主要适用于降雨资料丰富而泥石流灾害资料缺乏的地区，它假设泥石流的发生与暴雨同频率，通过对降雨资料的统计分析，计算暴雨的发生频率，从而计算得到诱发泥石流的降雨量阈值。

（3）确定临界雨量（启动法）

①诱发泥石流的降雨组成

泥石流发生之前的前期降雨使形成区域内的松散堆积体含水率增大，饱和度增加，强度降低，变得不稳定。连续降雨之后的短历时暴雨，使得整个流域短时间内汇水量增大，为泥石流的形成提供了主要的动力条件。所以，泥石流的暴发是前期降雨量和短历时雨强共同作用的结果。一次过程的降雨量，经过逐日递减，一般在20 d 就基本耗尽。不同类型的暴雨泥石流沟，所需前期间接雨量的天数不同，根据泥石流激发雨量和前期雨量的关系而具体确定天数。一般暴雨型泥石流沟取到20 d前的降雨，大暴雨型泥石流沟取到10 d前的降雨即可，特大暴雨泥石流沟的激发，主要决定于本次降雨过程，前期降雨量可忽略不计。

泥石流的激发是短历时暴雨和前期降雨量共同作用的结果。以往多处实测资料表明，泥石流的激发多出现在降雨过程峰值降雨之中的某一时刻。峰值雨量的持续时间一般较短，通常只有几分钟到几十分钟，这种短历时的峰值降雨在泥石流研究中被称为泥石流的激发雨量。不同短历时的暴雨均可以说明泥石流的激发雨量，通常选用10 min雨强或者30 min雨强、1 h雨强等作为泥石流的激发雨量，需根据具体情况而定。本次以1 h雨强为例。

②启动机制分析

一般情况下泥石流沟床内的松散堆积体的长度和宽度均远大于堆积体的厚度，因此采用无限坡模型对松散堆积体进行受力分析。设泥石流沟床坡度为 $\theta$，松散堆积体厚度 $h$，水深为 $hw$，堆积体主要受重力和孔隙水压力作用，取单位长度堆积体进行受力分析。

根据摩尔－库伦强度准则，松散堆积体的抗剪强度为：

$$\tau f = c + (\sigma - u)\tan\phi \qquad (5\text{–}2)$$

式中：$c$ 为松散堆积体的内聚力；$\phi$ 为松散堆积体的内摩擦角；$\sigma$ 为堆积体对沟床的压力，即正应力；$u$ 为沟床面上的孔隙水压力。正应力 $\sigma$ 为堆积体的重力在垂直于沟床平面方向上的分量，计算公式为：

$$\sigma = \rho_s ghcos\,\theta \qquad (5\text{–}3)$$

式中：$\rho s$ 为松散堆积体的密度；g 为重力加速度；$h$ 为堆积体

厚度；$\theta$ 为沟床坡度。

孔隙水压力 $u$ 的计算公式为：

$$u=\rho_w g h_w \cos\theta \qquad (5\text{–}4)$$

松散堆积体的剪应力是重力沿沟床平面向下方向上的分量，计算公式为：

$$\tau_s=\rho_s g h \sin\theta \qquad (5\text{–}5)$$

松散堆积体的安全系数为抗剪强度和剪应力之比，将式（5–3）和式（5–4）代入到式（5–2）中，得到抗剪强度的计算公式，由此，得到松散堆积体的安全系数的计算公式：

$$F_s=\frac{\tau f}{\tau_s}=\frac{c+(\rho_s g h-\rho_w g h_w)\cos\theta\tan\varphi}{\rho_s g h\sin\theta} \qquad (5\text{–}6)$$

水深逐渐增加时，孔隙水压力增大，松散堆积体的有效应力减小，抗剪强度降低，安全系数减小。根据极限平衡理论，当安全系数为1时，松散堆积体处于极限平衡状态，即临界破坏状态，松散堆积体失稳，暴发泥石流。当安全系数为1时，水深为泥石流发生的临界水深。由此，得到临界水深的计算公式为：

$$h_w=\frac{c}{\rho_w g\tan\varphi\cos\theta}+h\frac{\rho_s}{\rho_w}\left(1-\frac{\tan\theta}{\tan\varphi}\right) \qquad (5\text{–}7)$$

③产汇流分析

大气降雨在流域内要经过下渗、填洼、截流、蒸发等损失之后，才能形成径流从流域出口流出。一次降雨扣除掉下渗、填洼、截流、蒸发等损失量之后，所剩部分称之为净雨，净雨量的计算称之为产流计算。净雨沿地面和地下汇入河网，径流从流域出口流出的过程称为汇流，整个流域汇流过程的计算称之为汇流计算。

区域内干湿季节区分明显，少雨季节，地表干旱缺水，雨季来临时吸水量大，下渗能力强。雨季为6~8月，雨季期间降雨量充沛，地下水位较高，包气带薄，一般一次暴雨的降雨量能够使流域蓄满。流域产流的方式为蓄满产流，降雨首先经下渗、填洼等使流域蓄满之后才会产流。根据蓄满产流的原理，径流深计算公式为：

$$R=P-I=P-(I_m-P_b) \qquad (5\text{-}8)$$

式中：$R$ 为径流深（mm）；$P$ 为一次降雨量（mm）；$I$ 为降雨开始时的土壤含水率（mm）；$I_m$ 为降雨结束时流域达到的最大蓄水量（mm）；$P_b$ 为一次降雨的损失量（mm）。

流域的最大蓄水量是反映一个流域蓄水能力的基本特征，一般为一个定值。我国大部分地区的经验表明流域的最大蓄水量一般为80~120 mm。

④泥石流雨量阈值

通过雨量站对流域降雨的实时观测资料，可以得出前期影响雨量。在泥石流沟道内选取横断面，根据水力类泥石流启动机制，由式（5-7）计算得出该断面泥石流启动所需要的临界水深，则流域的平均流量为：

$$Q = BVh_w \qquad (5\text{-}9)$$

式中：$B$ 为沟道的宽度。径流深是指在某一时段内的径流总量平铺在全流域面积上所得的水层深度。以1 h 为单位，则流域的径流深 $R$ 可表示为：

$$R=\frac{W}{1000F}=\frac{3.6\sum Q\Delta t}{F}=\frac{3.6Q}{F} \qquad (5\text{-}10)$$

式中：$F$ 为泥石流形成区面积（$km^2$）。以小时雨量进行泥石流预警报，一次降雨量 P 改写为小时雨量。同时，降雨开始时的土壤含水率即反映了泥石流的前期影响雨量，式（5-8）可以写为：

$$I_{60}+P_{\alpha}=R+I_m \qquad (5\text{-}11)$$

由式（5-10）可以计算泥石流暴发时的径流深，由于流域最大蓄水量为一定值，所以泥石流暴发时 $R$ 也为一定值。一般的流域最大蓄水量为80~120 mm，如果研究区无历史统计资料，对临界降雨量进行保守预测，取为80 mm。当达到一定降雨量时，泥石流则处于暴发前的临界状态，也就是说为泥石流暴发前的临界降雨量。前期降雨量只影响土壤的含水率，对于泥石流的暴发起更重要的诱发作用的是激发雨量，也就是1小时降雨强度，忽略前期降雨量和流域最大蓄水量的影响，或是假设二者相等，则诱发泥石流的1小时降雨强度等于泥石流暴发时的径流深 $R$，所以式（5-10）计算出的径流深 $R$ 即为诱发泥石流的1小时降雨强度，即临界雨量。

### 5.1.3　基于 FLO-2D 的泥石流危险性评价

本次研究采用 FLO-2D 二维模拟软件，对典型泥石流的形成过程、运动状态等进行模拟，结合雨量与数字地形图数据，反复进行模拟和数据拟合，力争求出该泥石流流动的深度、速度、堆积范围、破坏程度等情况。在此基础上，模拟泥石流在发生过程中的运动状态，还原发生泥石流灾害在发生时的特征。对比结合本次调查计算值与泥石流数值模拟值，通过改变模拟的各项参数，例如可以改变模拟过程中的曼宁系数、粘滞系数等，反复修改参数，以达到模拟结果能尽量与泥石流灾害发生时的状况基本相同。

FLO-2D 是于1988年由 O’Brien 提出的基于非牛顿流体模式及中央有限差分的数值方法来计算二维洪水、泥石流运动控制方程的集成模拟软件，此软件可应用于灾害管理、洪泛区管理、抗洪防灾工程设计、泥石流地质灾害预测模拟等领域，并且能够较为精准地模拟出流体的流速和堆积深度，合理地预测堆积范围，为进一步进行灾害危险性分区评价和防灾减灾工程效果评价提供有力支撑。

5.1.3.1　基本原理

FLO-2D 软件利用了剪应力与剪切应变率为非线性变化的非牛顿流体模型，同时也运用了根据有限差分法求得的二维模式下泥石流流体运动的控制方程，包括连续方程和运动方程，分别控制泥石流体积质量守恒和力平衡的动量守恒，从而模拟出泥石流流体的流速和深度。在利用 FLO-2D 进行数值模拟时，数字高程模型导入到软件后，需要根据程序的要求将高程模型划分为在二维模式下若干个规格大小相同的数字网格，这些划分出来的每一个网格单元都被单独赋予了一个唯一的高程值、曼宁系数、粗糙度等参数，作为数值模拟的基础参数，而每个网格在各方向上的流动情况主要受到地形条件和流动阻力等上述参数的控制。

1. 数值模拟的条件假设

FLO-2D 模型有二项限制与六项假设：

（1）FLO-2D 数值模型假设

①假设是定床模型。定床模型指泥石流发生时，其水流边界固定不变，也不会因为冲淤影响而使河床水流发生变化，因此本模型没有办法模拟刷深的现象。

②震波和水跃现象无法进行模拟。

（2）FLO-2D 模型的其他假设条件

①浅水波假设。

②泥石流灾害发生时，满足稳定流阻滞方程。

③静水压力的分布假设。

④差分时间在差分时间的间隔内是固定的稳定恒流。

⑤各个网格点的每个参数仅有一个值，包括高程与曼宁值 n。

⑥假定每个网格内的断面和水力粗糙度都是平均值。

2. 控制方程

在 FLO-2D 中连续方程与运动方程是泥石流2D 模型的基本控制方程，运动方程控制泥石流或者洪水的体积质量守恒来进行运算。

（1）连续方程

$$\frac{\partial h}{\partial t}+\frac{\partial hVx}{\partial x}+\frac{\partial hVy}{\partial y}=i \qquad (5\text{-}12)$$

式中：$t$ 为次泥石流历时；$i$ 为有效降雨强度（m / s）；$Vx$ 为 X 轴平均流速；$Vy$ 为 Y 轴平均流速；$h$ 为泥石流流深。

（2）运动方程

$$S_{fx}=S_{ox}-\frac{\partial h}{\partial x}-\frac{Vx}{g}\left(\frac{\partial Vx}{\partial x}\right)-\frac{Vy}{g}\left(\frac{\partial Vx}{\partial x}\right)-\frac{1}{g}\left(\frac{\partial Vx}{\partial t}\right) \qquad (5\text{-}13)$$

$$S_{fy}=S_{oy}-\frac{\partial h}{\partial y}-\frac{Vy}{g}\left(\frac{\partial Vy}{\partial y}\right)-\frac{Vx}{g}\left(\frac{\partial Vy}{\partial x}\right)-\frac{1}{g}\left(\frac{\partial Vy}{\partial t}\right) \qquad (5\text{-}14)$$

式中：g 为重力加速度；$S_{fx}$ 和 $S_{fy}$ 为摩擦坡降；$S_{ox}$ 和 $S_{oy}$ 为底床坡降。

公式（5-13）是模型中 X 轴方向上的动量方程，用于表示力平衡。动力波的模型是以公式（5-13）、（5-14）这个动量方程为主体，为给研究人员讨论加速运动在模拟过程中的影响带来方便，该动量方程采用无量纲。从左到右分别为：摩擦坡降、底床坡降、压力梯度及惯性力中对流加速度项与局部加速度项。

FLO-2D 模拟时，是假设每个单方向都是一维流体，据此来假设二维流体。它是分别求解每个一维方向的动量，再计算出该方向网格边界上的平均速度，但对于任何一个网格点，都存在方向流动的任意性，为此，我们采取先计算每个网格点八个方向上的运动速度和流动深度，在此基础上确立二维流体的概念。

（3）流变模型方程

FLO-2D 泥石流模型的基础是 O' Brien 和 Julien 的流变模型，该流变模型采用的流变方程的形式是坡度形式：

$$Sf=Sy+Sv+Std=\frac{\tau y}{rmh}+\frac{K\eta u}{Symh^2}+\frac{ntd^2v^2}{\sqrt[3]{h^4}} \quad (5-15)$$

式中：$S_y$ 为屈服坡降；$S_v$ 为黏滞坡降、$S_{td}$ 为紊流、扩散坡降；$\tau y$ 为屈服应力；$\eta$ 为黏滞系数；$rm$ 为泥石流体单位重；$K$ 为层流阻滞系数；$n_{td}$ 为等效曼宁系数。

在研究流体运动过程中，如果流体中含很高的体积浓度，随着流体中各微颗粒之间的相互碰撞变多，流体的扩散应力也会随之增加，为此，研究过程中必须考虑到该效应对流动的阻力的影响。绝大多数情形下，在随着体积浓度变高的过程中，曼宁值会以指数函数增长形势而变化。

虽然 FLO-2D 模拟软件目前已被广泛应用于泥石流灾害的数值模拟中，但是该软件也存在一定的问题，即该计算模型本身就存在一些假设和限制条件，如下：

模型的基本假设：

①假设泥石流运动属于浅水波模式。

②假设差分时间间隔内流体运动属于稳态流。

③假设泥石流沟道断面及沟床的粗糙程度较规则，泥石流运动符合稳定流体的阻滞方程。

④假设泥石流流体压力分布为静水压力分布。

⑤假设高程值和曼宁系数在每个网格单元中唯一。

限制条件：

①该模型假定为定沟床模式，故无法考虑及模拟泥石流运动过程中对沟道和两岸的侵蚀作用。

②该模式无法模拟激波（水体震荡）与水跃现象。

5.1.3.2　计算模型构建

进行 FLO-2D 模拟的前提是获得高精度的高程模型，所获得的地面数字模型的精度与模拟结果密切相关。本次研究利用现有的高精度矢量地形图来获取所需的数字地面模型。因 FLO-2D 软件只能识别 ASCII 格式的数字高程模型，所以需要将等高线地形数据在 ArcGIS 里转换为 ASCII 格式的数字高程模型。

将 ASCII 高程文件导入 FLO-2D 软件后，根据 FLO-2D 手册的建议，并综合考虑流域面积和计算机运算能力，给每条泥石流沟建立合适的计算网格，并向软件中导入流域范围矢量文件以圈定计算区域，然后为计算区域内的网格进行高程插值，完成基础地形数据的处理。

#### 5.1.3.3　泥石流模拟参数计算

在进行 FLO-2D 模拟时，其两大部分分别为降雨径流和泥石流模拟。地形与雨量参数应用于 FLO-2D 降雨径流模式，得到泥石流模拟的洪水流量过程线，再结合泥石流堆积物的体积浓度值，碎屑中的土、石材料的比重，以及其他参数输入软件，就能够根据泥石流模块计算，得到堆积深度与影响范围等重要数据。

（1）曼宁系数 n

地表粗糙状况决定了曼宁系数 n，查看 FLO-2D 的配套使用手册的建议值，并确定给定方程，曼宁系数越大，地面粗糙程度越高。在模拟中，泥石流的流速、流深和堆积范围受曼宁系数的影响较大，且随网格元素粗糙度的变化而变化。因此为了区别可能存在的不同微地貌特征，如植被覆盖、农用地、水泥道路、导流槽等因素，需要为计算范围内的每一个网格赋予曼宁系数。

但在灾后的实际调查中，并不能较好地得到体积浓度和泥深等参数，特别是体积浓度在泥石流发生的不同位置、不同时间均可能不同。所以在本次模拟计算中，曼宁系数的取值主要依据 FLO-2D 手册的建议值（见表5-2），同时结合沟道和沟口堆积区的微地貌特征等，并参考其他学者在本地区研究中的取值，最终确定具体的曼宁系数。

表 5-2　不同地表条件下的曼宁系数 n

| 地面条件 | 曼宁系数 | 地面条件 | 曼宁系数 |
|---|---|---|---|
| 茂密草地 | 0.17–0.8 | 耕地 | 0.008–0.012 |
| 植生茂密灌木草地 | 0.17–0.48 | 轮休耕地 | 0.06–0.22 |
| 杂林灌木、牧草地 | 0.3–0.4 | 传统耕地 | 0.06–0.16 |
| 一般草地植被 | 0.2–0.4 | 以整地耕地 | 0.3–0.5 |
| 植被稀疏粗糙地 | 0.2–0.3 | 梯田 | 0.07–0.17 |
| 矮草原 | 0.1–0.2 | 无耕作农作物 | 0.17–0.47 |
| 稀疏草原 | 0.05–0.13 | 有块石分布开阔地 | 0.1–0.2 |
| 有块石分布稀疏植被 | 0.09–0.34 | 沥青混凝土 | 0.02–0.05 |
| 无植被覆盖 –20% 植被覆盖 | 0.05–0.25 | — | — |

（2）体积浓度 Cv

体积浓度是泥石流流体流变特征的重要参数，也是数值模拟所需的重要参数。泥石流是一种固液两相体，通常是较集中的沉积物流，流体中夹杂着大量的固体物质，且各个方向上固体物质分布不均，其流变特征在很大程度上受固相和液相的占比影响，同时根据 FLO-2D 的流变模型可知，泥石流的体积浓度在很大程度上影响着泥石流流体颗粒间的力学关系。在现场一般很难取到在泥石流暴发时，未经后期扰动影响的原样泥石流流体，因此在本文的研究中，体积浓度参考了 FLO-2D 使用手册中的建议值（表 5-3）。并结合各泥石流沟不同的物源分布特征，同时参考前人在此区域体积浓度值的选取，最终确定泥石流体积浓度值。

表 5-3 泥石流体积浓度 Cv 建议值

| 泥石流类型 | 体积浓度 | | 流动特征 |
|---|---|---|---|
| | 以体积计算 | 以重量计算 | |
| 泥石流 | 0.48–0.55 | 0.72–0.76 | 明显流动或持续缓慢流动；自重状态下发生塑性流动；水平面上不发生流动 |
| | 0.45–0.48 | 0.69–0.72 | 水平面上发生流动；含有部分混合物的黏性流动 |
| 泥流 | 0.40–0.45 | 0.65–0.69 | 可保持表面形态的水平面流动，有波纹出现，但快速消失 |
| | 0.35–0.40 | 0.59–0.65 | 有部分水石分选的流动，仅在平面流动；表面易有波纹出现 |
| | 0.30–0.35 | 0.54–0.59 | 水石分选可挟带砂石流动，表面易有波纹出现 |
| | 0.20–0.30 | 0.41–0.54 | 颗粒物质沉积在河床上，有流体特征 |

（3）屈服应力及黏滞系数

本次研究中的屈服应力是宾汉屈服应力，其应力主要体现为黏性泥石流的内部应力形态，其主要以黏滞力的形式存在，而黏滞力是由流体的剪切和拉伸应力相互作用而生成的阻力，因此，本研究所说的宾汉黏滞系数和黏滞力是密切相关的，当黏滞系数变小，则黏滞力就会变小，泥石流的流动性也就会越好。流体的体积浓度上升会引起宾汉屈服应力和宾汉黏滞系数强度的指数增加，关系式如下表示 :

①屈服应力与体积浓度之间的表达式

$$\tau_y = \alpha_2 e^{\beta_2 Cv} \qquad (5\text{–}16)$$

②宾汉黏滞系数和体积浓度关系

$$\eta = \alpha_1 e^{\beta_1 C_v} \qquad (5\text{–}17)$$

FLO–2D 模型，通过给定 $\alpha_1$、$\alpha_2$、$\beta_1$、$\beta_2$和泥石流体积浓度，判定分析黏滞系数和屈服应力。$\alpha_1$、$\alpha_2$、$\beta_1$、$\beta_2$是经验系数，通常是经过实验获取，但也可以查找 FLO–2D 手册。

（4）阻滞系数 K

泥石流发生后，其流动体在流动过程中不可避免地会受到各种阻力，而阻力与流动方向作用在同一直线上且呈相反方向，阻力与黏滞力以及流体黏滞系数有密切的关系，黏滞系数增大，阻力增大。此外，阻力的另一个影响因素是层流阻滞系数，而层流阻滞系数的大小，与泥石流通过区的地表粗糙程度有关。基于众多复杂因素的存在，FLO–2D 模拟软件说明中明确提出：建议使用者参考 Woolhiser 的相关研究数据，见表5–4所示。

表 5–4　地表与 K 值建议对照表

| 表面类型 | K 值范围 |
|---|---|
| 混凝土 / 沥青 | 24–108 |
| 裸露沙土 | 30–120 |
| 表层级配 | 90–400 |
| 被侵蚀的裸露泥土 – 被侵蚀的壤土 | 100–500 |
| 稀疏植被 | 1 000–4 000 |
| 矮草原地 | 3 000–10 000 |
| 早熟禾草地 | 7 000–50 000 |

（5）泥石流体中的土石比重（Gs）

泥石流流体携带物体为砾石，其参数比重约2.65，黏土则参数选择约为2.75。

5.1.3.4　泥石流动力学特征参数

（1）泥石流主沟纵比降

泥石流沟谷纵比降即纵坡降，一般以千分率表示。沟谷水面沿流向的高程差与相应的沟段长度的投影（即水平距离）相比，称之为沟谷的纵比降。沟谷平均纵比降直观地反映出沟床径流的坡度，是影响沟谷水动力条件的重要参数之一。通过计算沟床纵比降值可以直观判断泥石流沟流域水动力条件，进而判断该流域是否有利于泥石流的发生。

本次研究泥石流主沟纵比降采用分段计算的方法进行：

$$J=\frac{(H_0+h_1)l_1+(H_1+h_2)l_2+(H_2+h_3)l_3+\cdots+(H_{n-1}+h_n)l_n-2H_0\sum l_i}{(\sum l_i)^2}=\frac{(\sum H_{i-1}+\sum h_i)l_i-2HL}{L^2} \quad (5-18)$$

其中 $H_i$、$h_i$ 以米（m）计；$L$、$l_i$ 以千米计。

（2）泥石流重度

重度是泥石流体重要的特征值之一。当泥石流固体部分的级配成分和矿物成分不变时，黏度、起始切力、分解速度是重度值的函数。泥石流体是一种极不均匀的物质，其重度为重量m和该重量占有的体积V之比：

$$r_c=\frac{m}{V} \quad (5-19)$$

体积的选择对测定重度的精度起重要的作用。泥石流和它的各个基本单元（龙头和龙身等）的平均重度，从原则上讲应该由下式确定：

$$\gamma_c=\frac{\iiint \gamma_c(x、y、z、t)\,dxdydzdt}{\iint\iint dxdydzdt} \quad (5\text{-}20)$$

式中 $x$、$y$、$z$ 是空间坐标，$t$ 为时间坐标。

目前测定泥石流重度可以采用现场试验，另外可以应用已有的经验公式或理论计算获取。使用试验方法获取泥石流重度困难较大，泥石流的特点使人们难以在泥石流暴发时测定泥石流重度。泥石流沟研究中一般采用第二种方法，即应用已有的经验值或相关理论进行计算获取泥石流容重值。本次泥石流设计重度根据实际勘查、访问资料及查表等方法确定，按现场实验法、形态调查法及查表法所得结果综合分析确定。

①现场试验法

在浅井所在的沟段，量取面积1 m$^2$、深0.5~1 m 的取样坑，取出其全部土、砂、石，从中挑出粒径大于200 mm 的石块单个分别称重，其余按粒径分筛为200~150 mm，150~100 mm，100~50 mm，50~20 mm，20 mm 以下若干级，每级分组称重，计算分组质量与总质量之比，绘制颗粒集配曲线，求算颗粒集配特征值。

②形态调查法

调查曾目睹过泥石流的知情人，根据知情人描述泥石流流体特征和流体运动状态，按照表5–5确定泥石流流体重度。

表 5–5　泥石流流体稠度特征表

| 重 度 | 稀浆状 | 稠浆状 | 稀粥状 | 稠粥状 |
|---|---|---|---|---|
| $\gamma_c$（$t/m^3$） | 1.2~1.4 | 1.4~1.6 | 1.6~1.8 | 1.8~2.3 |

③查表法

依据《泥石流灾害防治工程勘查规范》（DZ–T 0220—2006）附表 G.1泥石流沟易发程度数量化评分表及附表 G.2数量化评分（N）与重度、（1+Φ）关系对照表，查找确定相应沟谷的泥石流重度。

（3）泥石流流量

泥石流流量是泥石流的重要特征值，它反映了泥石流的规模、强度及流体性质，是本次研究的重要内容之一。本次研究泥石流流量计算采用雨洪法。计算公式为：

$$Q_C=(1+\Phi_C)\,Q_P\cdot D_C \quad (5\text{–}21)$$

式中：

$Q_C$ 为频率为 P 的泥石流峰值流量（$m^3/s$）；

$Q_P$ 为频率为 P 的暴雨洪水设计流量（$m^3/s$）；

$\Phi_C$ 为泥石流泥砂修正系数，$\Phi_C=(r_c-r_w)/(r_H-r_c)$；

$r_c$ 为泥石流容重（$t/m^3$）；

$r_w$ 为清水的容重（$t/m^3$），取1；

$r_H$ 为泥石流中固体物质比重（$t/m^3$），根据实际情况取2.65 $t/m^3$；

$D_C$ 为泥石流堵塞系数，取1.1。

根据《宁夏水文手册》（2020年版）与《宁夏回族自治区暴雨

洪水图集》（2016试用版），宁夏地区 $Q_m$ 与 $Q_P$ 的具体经验公式如下表5-6所示：

表 5-6　宁夏各分区洪峰流量均值与面积关系表

| 分 区 | | 适用面积 | 面积 F 与 Q m 关系 |
| --- | --- | --- | --- |
| 贺兰山区 | | 小于 200 | $Q_m=8.5F^{0.55}$ |
| 风沙干旱区 | 灵盐同风沙干旱区 | 小于 1000 | $Q_m=0.15F^{0.85}$ |
| | 卫宁黄河右岸 | 小于 300 | $Q_m=0.8F^{0.85}$ |
| 干旱区 | | 小于 1000 | $Q_m=3.2F^{0.60}$ |
| 半干旱区 | | 小于 1000 | $Q_m=0.2F^{1.1}$ |
| 半湿润区 | 暂未分析 | | |

（4）泥石流一次最大冲出量

一次泥石流过流总量是指在一次泥石流运动过程中，泥石流流体中固体物质与浆体的体积之和，是泥石流动力学特征的重要参数之一。目前一次泥石流过流总量的计算方法主要有三种：直接观测测量法、统计模型法和经验公式法。

①一次泥石流总量

一次泥石流过流总量按照《泥石流灾害防治工程勘查规范》（DT/T0220—2006）附录Ⅰ提供的计算公式进行计算：

$$Q_w=K \cdot Q_C \cdot T \quad (5\text{-}22)$$

式中：

$Q_w$ 为泥石流一次最大冲出量（$m^3$）；

$K$ 为流域面积系数

（式中：当 $F<5\ km^2$，$K=0.202$；

$F$=5~10 km$^2$，$K$=0.113；

$F$=10~100 km$^2$，$K$=0.0378；

$F$＞100 km$^2$，$K$=0.0252）。

$Q_C$ 为泥石流洪峰流量（m$^3$/s）；

$T$ 为泥石流过程时间（s）。

②一次泥石流冲出的固体物质总量

一次泥石流固体冲出物按照《泥石流灾害防治工程勘查规范》（DT/T0220—2006）附录I提供的计算公式进行计算：

$$Q_H = Q_w(\gamma_C - \gamma_W)/(\gamma_H - \gamma_W) \qquad (5\text{-}23)$$

式中：$Q_w$ 为一次泥石流总量（m$^3$）；

$\gamma_C$ 为泥石流容重（t/m$^3$）；

$\gamma_W$ 为清水容重（t/m$^3$）；

5.1.3.5　泥石流过程模拟

（1）地形数据处理

先收集研究区内的数字地形图，再通过实地考察，对地形图进行修正。该过程中，可运用ArcGIS软件，将DEM文件转换为FLO-2D模拟软件可识别的ASCII文件格式，在确定模拟范围的同时，尽量把模拟范围内划分成较多的网格。对于计算范围内的网格，要确定泥石流的起点，可以通过DEm插入的绝对高程值来获得。而模拟的起始网格点的选择，还是要结合现场调查情况，以实地调查结果为依据。最后，依据泥石流沟在降雨后汇流的特点，此次模拟选择泥石流流出点的附近作为数值模拟的起始点。经勘察，本次研究的泥石流沟内不存在拦挡坝工程设施。考虑到泥石流疏通通道在模型中需予以体现，故本次模拟聚焦于具备疏通通道工况下的泥石流运动过程的模拟。

（2）降雨过程模拟

FLO–2D 所能识别的数据是累积降雨百分比，该参数的数据主要来源于采集的雨量数据。模拟开始初期，累计降雨百分比的初始值为零，随着时间的增加，模拟将每一个时间点前的降雨量，通过计算后转化为总体降雨量百分比。为此，当计算终结时，所有时间节点的累计百分比之和为1。

（3）过程数值模拟

整个过程模拟分为几个阶段，第一，通过 FLO–2D 泥石流模拟软件，对泥石流灾害进行模拟和重现，该过程中尽量还原灾害发生时候的状况；第二，通过查询 FLO–2D 使用手册，确定泥石流模拟的其他参数，如堆积物体积浓度、碎屑石料比重等；第三，通过结合 FLO–2D 中的“降雨 – 径流模式”，提取出清水流量过程线，通过清水流量过程线，求出 BF 值，进而根据公式计算出泥石流的流量，从而模拟出泥石流的全过程，确定泥石流灾害的影响范围以及堆积厚度。

5.1.3.6　泥石流危险性评价

国内外科学家用泥深与流速之间的函数关系来确定泥石流的影响强度，该方法被一直沿用至今，在国内外的运用范围很广，它主要是通过把泥石流划分为三个不同等级的危险区，即高、中、低三个危险区域，高危险区的特点是：泥石流破坏性极强，无论处在室内或者室外，均处在危险中，泥石流可破坏建筑；中危险区特点为：房屋建筑可能受到一定程度的损坏，但处在室外的人员处于危险中；低危险区特点是：泥石流无论是对人、对物都不可能产生危害。

本次采用泥深（H）与流速（V）的乘积（HV）结果划分泥石流影响范围内的危险性等级（表5–7），绘制不同降雨工况下的泥石流危险性分区图。

表 5–7　泥石流危险性判定表

| 危险分级 | 泥深 | | 泥深 × 流速 |
|---|---|---|---|
| 高 | H>1.5 m | OR | VH>1.5 $m^2$/s |
| 中 | 0.5 m < H < 1.5 m | AND | 0.5 $m^2$/s < VH < 1.5 $m^2$/s |
| 低 | H < 0.5 m | AND | VH < 0.5 $m^2$/s |

## 5.2　苏峪口沟泥石流成灾机理研究

### 5.2.1　苏峪口沟泥石流形成条件及基本特征

#### 5.2.1.1　形成条件

（1）地形条件

苏峪口沟流域面积50.5 $km^2$，沟谷流域平面形态呈树叶状，主沟沟顶高程3 420 m，沟口高程1442 m，高差1 978 m，沟长约14.78 km，主沟平均纵坡降125.3‰（图5–1）。最大支沟为五道塘支沟，沟顶高程2 700 m，沟口高程1 685 m，高差1 015 m，沟道长约5.0 km，平均纵坡降203‰，于灵光寺附近汇入主沟，沟道蜿蜒狭窄，两岸坡体陡直。

苏峪口沟中上游形成区山体陡峻（图5–2、图5–3），沟道纵坡降89‰~484.56‰，沟谷岸坡坡角大于32°，极利于降水在短时间内汇集，使坡面水流和支沟洪水迅速获得能量汇集在主沟道中，使沟道泥石流的规模和峰值快速升级，从而形成大规模泥石流冲出沟外。下游流通区沟谷狭窄较顺直（图5–4），有利于泥石流向沟口运移。沟口堆积区地势开阔，地形平缓（图5–5），为冲出泥石流提供了堆积场地，同时也具备了成灾条件。

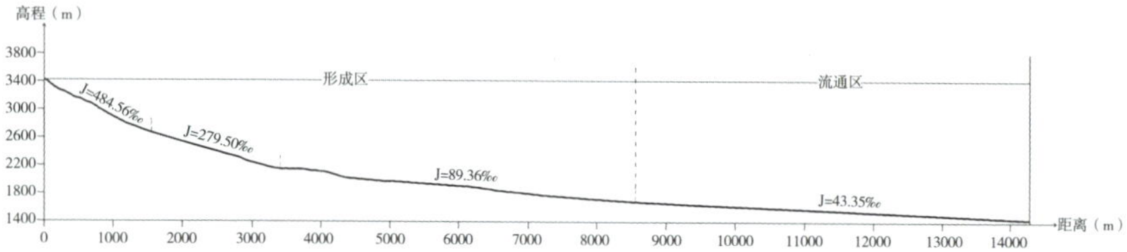


图5–1　苏峪口沟主沟坡降变化图

图5–2　形成区（响水）陡峻山体

图5–3　形成区（五道塘）陡峻山体

图5–4　流通区沟谷狭窄顺直

图5–5　堆积区地势开阔

（2）物源条件

苏峪口沟流域内松散固体物质储量较丰富，分布广泛，主要类型有崩塌堆积物、坡面堆积物和沟床堆积物等三类，以沟道堆积为主，静态储量约$931\times10^4\ m^3$，其中崩塌堆积物和坡面堆积物的储量为$116.73\times10^4\ m^3$，占总储量的12.5%，沟床堆积物储量为$814.66\times10^4\ m^3$，占总储量的87.5%。整个苏峪口沟泥石流的动态储量约$310\times10^4\ m^3$，松散固体物质分布情况详见图5–6。

①崩塌堆积物

崩塌是较陡斜坡上的岩土体在重力或地震作用下向坡脚崩落、滚动，在坡脚或沟内形成堆积体，它是泥石流直接、最易起动的固体松散物质。苏峪沟内以小型崩塌为主，可直接崩落、滚动至沟底，沿主沟或支沟沟岸两侧零星分布（图5–7、图5–8）。

②坡面堆积物

苏峪口沟位于贺兰山构造剥蚀山地区，山体陡峭，褶皱、断裂等构造极为发育，基岩主要为砂岩、灰岩、白云岩、板岩等，呈裸露状态，节理裂隙发育。本区域昼夜温差大，物理风化强烈，受热胀冷缩作用影响，岩体被切割成块体，由大块变成小块，由小块变成砂土，堆积于斜坡较缓部位或坡脚地带，主要是以面蚀、剥落、局部崩塌和侧蚀等方式进入沟内（图5–9、图5–10），成为泥石流的固体物质补给物。

③沟床堆积物

沟床堆积物是苏峪口沟泥石流的重要物源，这些堆积体大部分为山坡物质以面蚀、沟蚀、局部崩塌、坡面泥石流和支沟泥石流等水力侵蚀和重力侵蚀方式进入沟谷，经水流改造后形成的土

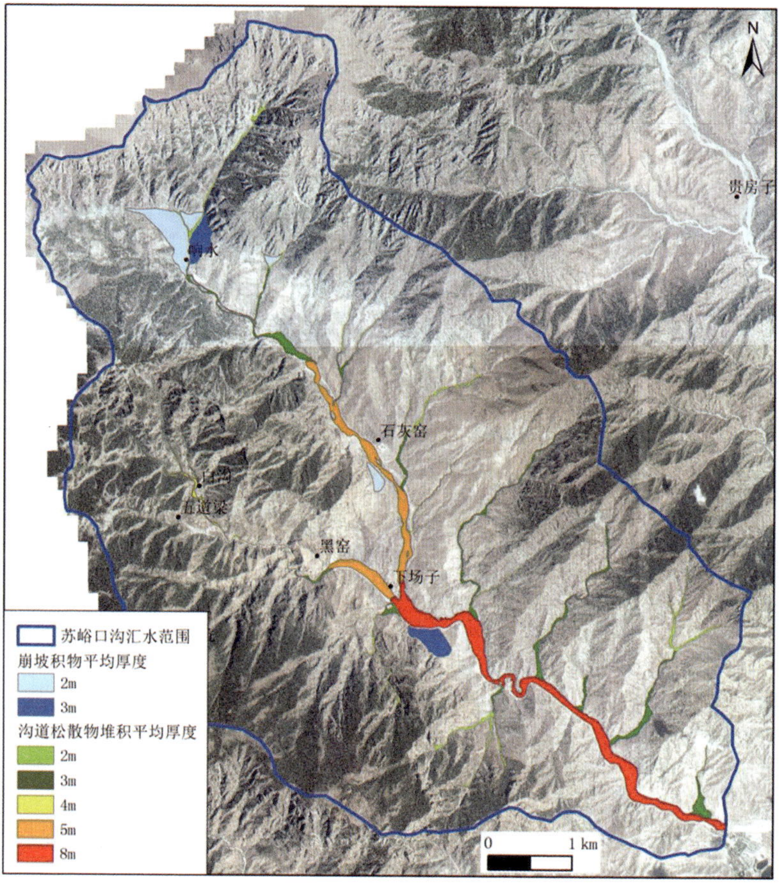


图5-6　苏峪口沟松散固体物质分布图

图5-7　坡脚崩塌堆积体

图5-8　坡脚崩塌堆积体

图5-9　页岩风化坡积物

图5-10　坡面松散堆积物

体，主要成分由漂石（块石）、卵石（碎石）、圆砾和砂粒组成，自形成区向堆积区颗粒粒径整体逐步减小、小颗粒成分逐渐增多的趋势。流域内沟床松散堆积物厚度受沟宽、纵坡降影响较大，一般宽缓沟谷段堆积物较厚。就小支沟而言，因沟床陡急，沟床堆积物较薄，以泥石流堆积物和崩积物为主，中上游地段厚度较薄，局部地段基岩裸露，下游及沟口较厚，厚度1.0~3.0 m（图5-11、图5-12）。

五道塘支沟上游（图5-13）和下游（图5-14）沟谷宽缓处堆积物厚度一般3.0~6.0 m。中游由于沟谷狭窄（图5-15），沟坡陡峭，

图5-11　小支沟泥石流沟口堆积物

图5-12　小支沟泥石流沟口堆积物

图5-13　五道塘支沟上游沟床堆积物

图5-14　五道塘支沟下游沟床堆积物

沟谷内堆积物厚度较薄，厚度一般1.0~3.0 m，局部沟底可见基岩出露。

苏峪口沟上游（摩崖石刻以上段）沟谷狭窄（图5-16、图5-17），沟坡陡峭，沟谷内堆积物厚度较薄，以漂石、卵石为主，厚度一般1.0~3.0 m，局部沟底可见基岩出露；主沟中游（灵光寺-摩崖石刻段）整体沟谷较宽缓（图5-18、图5-19），一般是边堆积、边冲刷，其堆积物相对较厚，厚度一般5.0~8.0 m；主沟下游（灵光寺以下段）沟谷较宽缓（图5-20、图5-21、图5-22），是边堆积、

图5-15　五道塘支沟中游沟床堆积物

图5-16　主沟上游（索道管理处西侧）沟谷堆积物

图5-17　主沟上游（索道管理处东南950 m）沟谷堆积物

图5-18　主沟中游（灵光寺-摩崖石刻）沟谷堆积物

图5-19　主沟中游（灵光寺-摩崖石刻）沟谷堆积物

图5-20　主沟中游（灵光寺）沟谷堆积物

图5-21　主沟下游沟谷积物
（镜向295°）

图5-22　主沟下游沟谷积物
（镜向25°）

边冲刷，其堆积物厚度一般5.0~8.0 m。

（3）水源条件

苏峪口沟在上游平时存在小股流水，向下游隐入地下或被截断利用，在灵光寺以下无常流水，诱发泥石流发生的水源为大气降雨。

根据苏峪口雨量站资料，苏峪口沟区域降水量总体较少，多年平均降水量282.5 mm。降雨量年际变化大，月最大降雨量105.2 mm，降水主要集中在6~9月份，占全年降水量的70%以上，降雨以局地突发性短时强降雨为主，具有历时短、强度大且集中的特点，为区内泥石流地质灾害的发生提供了水源条件。

5.2.1.2　流域分区特征

根据地形地貌、泥石流形成、运移、堆积特征，将苏峪口沟泥石流流域划分为形成区、流通区和堆积区三部分。分区详见图5-23。

（1）形成区

形成区位于沟谷中上游（图5-24、图5-25、图5-26、图5-27），

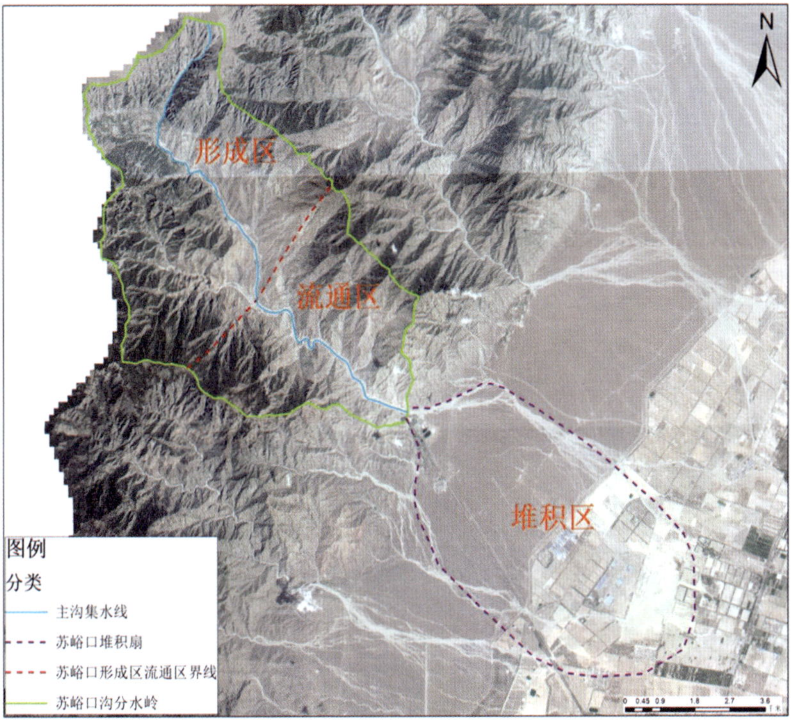


图5-23 苏峪口沟泥石流分区图

图5-24 苏峪口沟泥石流形成区（五道塘）

图5-25 苏峪口沟泥石流形成区（五道塘）

图5-26　苏峪口沟泥石流形成区（响水方向）

图5-27　苏峪口沟泥石流形成区（响水方向）

即灵光寺以上的广大区域，三面环山，呈枝状、羽状、鱼脊状地形，面积约31.7 $km^2$，主沟道长约8.5 km，占主沟总长的58.4%。周围山坡陡峻，以30°~60°的陡坡为主，局部近直立状。

沟谷断面以“V”字型为主，主沟宽缓地段呈“U”字型（图5-28），沟道纵比降89‰~484‰。区域内地层主要有中元古界王全口组白云岩、白云质灰岩、板岩及砂岩；新元古界兔儿坑组板岩、砾岩；寒武系苏峪口组砂岩、砂砾岩，五道淌组白云岩、白云质灰岩，陶思沟组板岩夹灰岩，胡鲁台组板岩、灰岩，阿不切亥组灰岩、白云岩、白云质灰岩；奥陶系天景山组和大南池组灰岩、白云岩；石炭系羊虎沟组和太原组页岩、砂岩夹煤层；二叠系山西组砂岩夹页岩及煤层，上、下石盒子组砂岩、粉砂岩及页岩，孙家沟组粉砂岩、泥岩、凝灰岩。坡面表层风化强烈，沟道松散堆积物以第四系全新统洪积漂石和卵砾石为主，根据机理研究试验结果，沟道松散堆积物物质组成中粒径大于200 mm 的砾石占比为25% 左右，粒径2~200 mm 的砾石占比为60%，粒径小于2 mm 的砂砾占比为15% 左右，整体以粗颗粒为主，细粒含量较少。

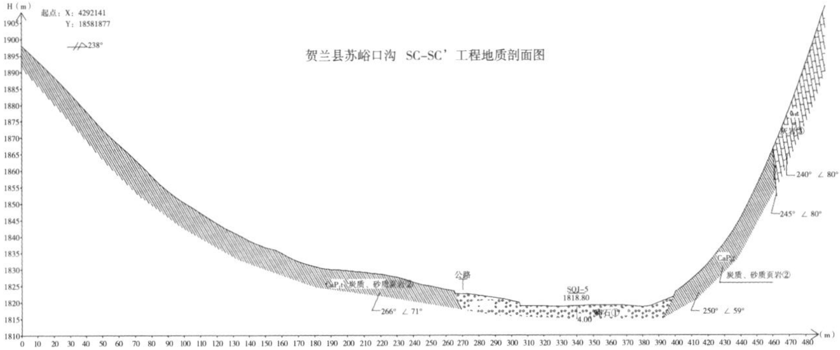


图5-28　苏峪口沟泥石流形成区主沟工程地质剖面图

沟岸两侧小型潜在崩塌体居多，分布不连续，规模均为小型。区域内断裂、褶皱发育，受构造影响，局部岩层呈大倾角产出，节理裂隙发育。两岸坡体植被较发育，主要植被类型有常绿针叶林植被类型、针阔混交林植被类型、落叶阔叶灌丛植被类型、落叶阔叶植被类型、高山草甸植被类型和疏林草地植被类型，植被覆盖率约占50%。

（2）流通区

流通区位于中、下游主沟道一带，流通区面积约18.8 km²，主沟道长约5.7 km，占主沟总长的41.6%。沟谷断面以“U”字型为主，局部地段呈“V”字型（图5-29），沟道纵比降43‰，较宽缓，谷坡坡度30°~60°。区域内地层主要有中元古界王全口组白云岩、白云质灰岩、板岩及砂岩；新元古界兔儿坑组板岩、砾岩；寒武系苏峪口组砂岩、砂砾岩，五道淌组白云岩、白云质灰岩，陶思沟组板岩夹灰岩，胡鲁台组板岩、灰岩，阿不切亥组灰岩、白云岩、白云质灰岩；石炭系羊虎沟组和太原组页岩、砂岩夹煤层；二叠

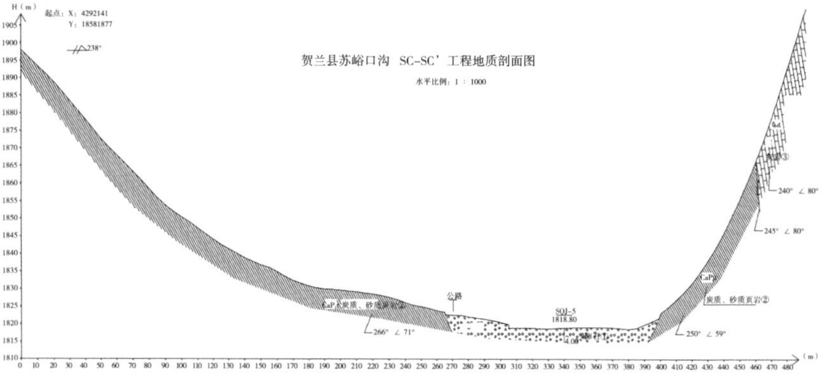


图5-29　苏峪口沟泥石流流通区主沟工程地质剖面图

系山西组砂岩夹页岩及煤层，上、下石盒子组砂岩、粉砂岩及页岩，孙家沟组粉砂岩、泥岩、凝灰岩；三叠系刘家沟组和和尚沟组砂岩、粉砂岩、泥岩及砾岩。沟道松散堆积物以第四系全新统洪积漂石和卵砾石为主，根据机理研究试验结果，沟道松散堆积物物质组成中粒径大于200 mm 的砾石占比为15%~25%，粒径2~200 mm 的砾石占比为60%~65%，粒径小于2 mm 的砂砾占比为15% 左右，整体以粗颗粒为主，细粒含量较少。沟岸两侧小型潜在崩塌体居多，分布不连续，规模均为小型。区内断裂、褶皱发育，受构造影响，局部岩层呈大倾角产出，节理裂隙发育。由于后期侵蚀下切作用，以沟底再搬运为主，最终将沟道松散堆积物携带至沟口处堆积。

（3）堆积区

苏峪口泥石流堆积区面积约35 km$^2$，受南北两侧宰牛沟和贺兰沟扇体的挤压、联合影响，苏峪口沟堆积扇向中部有明显收敛，平面形态呈舌状，扇长约9.0 km，最大扇宽约5.0 km，扇形地势平缓，坡度2° ~5° 。老洪积扇受下切作用，在北侧形成宽约200 m 的沟槽，沟槽深约4.0 m。扇形地主要为老洪积堆积区，新近堆积物位于下切形成的沟槽中，地层以第四系上更新统卵砾石和漂石为主，充填砂粒。根据机理研究试验结果，沟道松散堆积物物质组成中粒径大于200 mm 的砾石占比为20% 左右，粒径2~200 mm 的砾石占比为65% 左右，粒径小于2 mm 的砂砾占比为15% 左右，整体以粗颗粒为主，细粒含量较少。洪积扇上大部分为荒地，荒地上砾石遍布，分布少量杂草和低矮灌木。苏峪口景区入口西侧大部分开垦为林地，主要种植枣树。在扇顶附近建有苏峪口景区入口管理建筑，旅游专线和陈华公路自堆积扇上通过。苏峪口沟泥石流堆积区工程地质剖面图见图5-30。

5.2.1.3　泥石流沟纵比降

苏峪口沟泥石流主沟纵比降采用分段计算的方法取得，按公

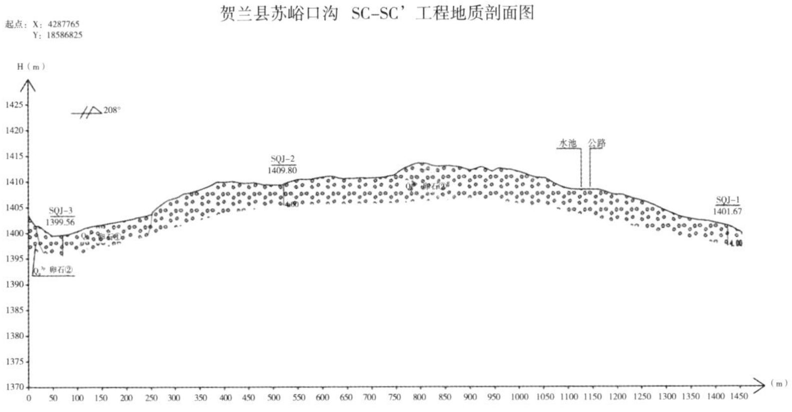


图5-30　苏峪口沟泥石流堆积区工程地质剖面图

式5-18计算结果为125.3‰。

5.2.1.4 形成过程和流动特征

（1）形成过程

苏峪口沟泥石流物质补给来源主要集中在主沟中游与上游及一些规模较大的支沟，固体松散物质在两侧坡面及沟道内堆积。在强降雨条件下，沿陡峻沟坡漫流的坡面水流携带、冲刷表层松散物质，迅速向沟内汇集，沟谷上游及一些支沟内洪水沿较陡的沟床宣泄而下在主沟内汇合壮大，沿程渗浸、冲蚀沟内大量堆积的松散碎石土，特别是沟谷中游松散物质比较集中地冲蚀、汇入，使水与土体揉合，固液混杂，能量和流量不断加大，从而形成较大规模泥石流冲出沟口。

（2）流动特征

泥石流的流态、冲淤变化、流速及流量等受流域形态、沟道特征、固体松散物质数量及补给特征、降雨强度等控制。根据实地调查访问，区域内泥石流发生前后期基本上呈连续性流动，形成洪水—泥石流—洪水的汇流过程，其间基本无断流，只是泥石流重度、流量、流速发生变化。暴雨期间，先是携带泥沙洪水自沟内泄出，其流速较快，其后沟谷内出现比较沉闷的声音，泥石流似“稀粥状”自沟内涌出，流量比前期大，但流速较慢，在此之后又出现流量较小的洪水乃至停息。

（3）堆积特征

苏峪口沟泥石流以沟口堆积为主，次为沟道堆积，其颗粒组成基本一致。堆积物特征的变化主要表现在其堆积物粒度上。由于苏峪口沟中、上游坡降比较大，泥石流流速较快，泥石流堆积物相对较少，堆积颗粒以巨粒土为主，可见漂石、块石；下游沟床相对较缓，且泥石流出山后沟道变宽，水动力降低，固体物质大规模堆积，粗粒土居多，以卵石、砾石为主，主沟下切老洪积扇，形成宽50~200 m、深约4 m的沟槽，因受构造影响，主流向北受迫偏移。根据调查访问，结合本次浅井开挖以及收集过往钻孔资料显示，苏峪口沟出山口处泥石流堆积厚度大于10 m，泥石流堆积物垂向层与层之间特征不太明显。

5.2.1.5　泥石流流体特征值

（1）泥石流重度

本次研究采用现场实验法、形态调查法和查表法综合确定苏峪口沟泥石流重度为1.689 t/m$^3$，详见表5-8。

表 5-8　苏峪口沟泥石流浆体重度结果统计表

| 沟 名 | 现场测试平均重度（t/m$^3$）权重值（0.5） | 形态调查法重度（t/m$^3$）权重值（0.3） | 查表法重度（t/m$^3$）权重值（0.2） | 综合重度（t/m$^3$） |
|---|---|---|---|---|
| 苏峪口沟 | 1.693 | 1.70 | 1.662 | 1.689 |

（2）泥石流流量

苏峪口沟泥石流流量计算采用雨洪法。根据《宁夏水文手册》（2020年版）与《宁夏回族自治区暴雨洪水图集》（2016试用版），苏峪口沟位于贺兰山区，$Q_m$ 按式 $Q_m$=8.5F$^{0.55}$进行计算。

通过查询《宁夏回族自治区暴雨洪水图集》后附皮尔逊型Ⅲ曲线的模比系数Kp值表得到苏峪口沟的Kp值，分别计算求得苏峪口沟泥石流不同频率下的水流量和石流峰值流量，计算结果详见表5–9。

表 5–9　清水流量（Qp）及泥石流峰值流量（Qc）计算结果表

| 频率 | Qp | Qc | 单位 |
|---|---|---|---|
| 100 年一遇（1%） | 590.85 | 1195.88 | $m^3/s$ |
| 50 年一遇（2%） | 451.96 | 914.77 | |
| 20 年一遇（5%） | 282.20 | 571.17 | |
| 10 年一遇（10%） | 172.48 | 349.10 | |

通过查询《宁夏回族自治区暴雨洪水图集》与《宁夏水文手册》，可在其附表中查出苏峪口等水文站不同频率洪峰流量（表5–10），与计算结果进行对比，本次计算结果准确合理。

表 5–10　宁夏（部分）水文站不同频率洪峰流量表

| 序号 | 站点 | 变差系数 CV | 清水洪峰流量 Qp（$m^3/s$） | | | |
|---|---|---|---|---|---|---|
| | | | 100 年一遇 | 50 年一遇 | 20 年一遇 | 10 年一遇 |
| 1 | 大武口 | 1.2 | 2110 | 1688 | 1160 | 792 |
| 2 | 汝箕沟 | 1.23 | 871 | 705 | 495 | 346 |
| 3 | 苏峪口 | 1.67 | 576 | 447 | 287 | 180 |
| 4 | 郭家桥 | 0.79 | 789 | 668 | 511 | 395 |

（3）泥石流一次最大冲出量

苏峪口沟泥石流一次最大冲出量采用经验公式法取得，K 取 0.037 8，泥石流过程时间取3 400 s，按公式5–22计算的苏峪口沟不同降雨频率下泥石流一次最大冲出量，计算结果详见表5-11所示。

表 5-11　一次泥石流过程总量计算表

| 沟名 | 计算频率 P（%） | K | 泥石流历时 T（s） | 最大流量 Qc（$m^3/s$） | 一次泥石流过程总量 Qw（$\times 10^4 m^3$） |
|---|---|---|---|---|---|
| 苏峪口沟 | 100 年（1%） | 0.037 8 | 3 400 | 1 097.09 | 14.10 |
| | 50 年（2%） | 0.037 8 | 34 00 | 837.42 | 10.76 |
| | 20 年（5%） | 0.037 8 | 3 400 | 523.98 | 6.73 |
| | 10 年（10%） | 0.037 8 | 3 400 | 320.26 | 4.12 |

（4）一次泥石流冲出的固体物质总量

苏峪口沟一次泥石流冲出的固体物质总量采用经验公式5-23计算取得，采用参数和不同降雨频率下一次泥石流冲出的固体物质总量计算结果详见表5-12。

表 5-12　一次泥石流冲出的固体物质总量计算结果表

| 计算频率 P（%） | 泥石流容重 $\gamma_c$（$kN/m^3$） | 清水容重 $\gamma_w$（$kN/m^3$） | 固体物质比重 $\gamma_H$（$kN/m^3$） | 一次泥石流过程总量 $Q_w$（$\times 10^4 m^3$） | 一次泥石流冲出固体物质总量 $Q_H$（$\times 10^4 m^3$） |
|---|---|---|---|---|---|
| 100 年（1%） | 1.689 | 1 | 2.65 | 14.10 | 5.89 |
| 50 年（2%） | 1.689 | 1 | 2.65 | 10.76 | 4.49 |
| 20 年（5%） | 1.689 | 1 | 2.65 | 6.73 | 2.81 |
| 10 年（10%） | 1.689 | 1 | 2.65 | 4.12 | 1.72 |

（5）泥石流规模

根据计算结果，苏峪口沟100年一遇泥石流一次最大冲出量为

$5.89\times10^4\ m^3$；50年一遇泥石流一次最大冲出量为$4.49\times10^4\ m^3$；20年一遇泥石流一次最大冲出量为$2.81\times10^4\ m^3$，10年一遇泥石流一次最大冲出量为$1.72\times10^4\ m^3$。依据泥石流规模划分标准表可知，苏峪口沟100年一遇泥石流、50年和20年一遇泥石流规模为中型、10年一遇泥石流规模为小型。

5.2.1.6　泥石流易发性

根据《泥石流灾害治理工程勘查规范》对苏峪口沟泥石流的易发程度进行评判，判定结果为：苏峪口沟泥石流量化评分为91分，易发程度为易发，易发程度评判表见表5–13。

5.2.1.7　泥石流暴发概率

苏峪口沟泥石流位于宁夏回族自治区黄河以西地区，年降雨量小于500 mm，界限降雨量$H_{24(D)}$、$H_{1(D)}$、$H_{1/6(D)}$界限值分别为25 mm、15 mm和5 mm，最大降雨量$H_{24}$、$H_1$、$H_{1/6}$分别为187 mm、91 mm和18 mm，K值取1.1，按照公式5–1（暴雨强度指标公式）计算得到苏峪口沟泥石流的暴雨强度值$R=18.86>10$，则发生泥石流的概率大于0.8，即发生泥石流的可能性大。

5.2.1.8　泥石流临界雨量阈值

由于苏峪口沟泥石流周期较长且泥石流灾害历史统计资料缺乏，本次研究采用启动法用于计算泥石流临界阈值。

（1）临界水深计算

根据公式5–7计算苏峪口沟泥石流临界水深，计算结果如表5–14所示：

表 5-13　苏峪口沟泥石流易发程度数量化评分表

| 序号 | 影响因素 | 量级划分 | | | | | | | |
|---|---|---|---|---|---|---|---|---|---|
| | | 极易发（A） | 得分 | 中等易发（B） | 得分 | 轻度易发（C） | 得分 | 不易发生(D) | 得分 |
| 1 | 崩塌、滑坡及水土流失（自然和人为活动的）严重程度 | 崩塌、滑坡等重力侵蚀严重，多层滑坡和大型崩塌，表土疏松，冲沟十分发育 | 21 | 崩塌、滑坡发育，多层滑坡和中小型崩塌，有零星植被覆盖冲沟发育 | 16√ | 有零星崩塌、滑坡和冲沟存在 | 12 | 无崩塌、滑坡、冲沟或发育轻微 | 1 |
| 2 | 泥砂沿程补给长度比 | ＞60% | 16√ | 60%~30% | 12 | 30%~10% | 8 | ＜10% | 1 |
| 3 | 沟口泥石流堆积活动程度 | 主河河形弯曲或堵塞，主流受挤压偏移 | 14 | 主河河形无较大变化，仅主流受迫偏移 | 11 | 主河河形无变化，主流在高水位时偏，低水位时不偏 | 7√ | 主河无河形变化，主流不偏 | 1 |
| 4 | 河沟纵坡 | 12°（21.3%） | 12 | 12°~6°（21.3%~10.5%） | 9√ | 6°~3°（10.5%~5.2%） | 6 | ＜3°-3.20% | 1 |
| 5 | 区域构造影响程度 | 强抬升区，6级以上地震区，断层破碎带 | 9√ | 抬升区，4~6级地震区，有中小支断层 | 7 | 相对稳定区，4级以下地震区，有小断层 | 5 | 沉降区，构造影响小或无影响 | 1 |
| 6 | 流域植被覆盖率 | ＜10% | 9 | 10%~30% | 7 | 30%~60% | 5√ | ＞60% | 1 |

续表

| 序号 | 影响因素 | 量级划分 | | | | | | | |
|---|---|---|---|---|---|---|---|---|---|
| | | 极易发（A） | 得分 | 中等易发（B） | 得分 | 轻度易发（C） | 得分 | 不易发生(D) | 得分 |
| 7 | 河沟近期一次变幅 | ＞2 m | 8 | 2~1 m | 6 | 1~0.2 m | 4√ | 0.2 m | 1 |
| 8 | 岩性影响 | 软岩、黄土 | 6 | 软硬相间 | 5 | 风化强烈和节理发育的硬岩 | 4√ | 硬岩 | 1 |
| 9 | 沿沟松散物储量（$10^4 m/km^2$） | ＞10 | 6 | 10~5 | 5 | 5~1 | 4 | ＜1 | 1√ |
| 10 | 沟岸山坡坡度 | ＞32°（62.5%） | 6√ | 32°~25°（62.5%~46.6%） | 5 | 25°~15° | 4 | ＜15° | 1 |
| 11 | 产沙区沟槽横断面 | V型、U型谷、谷中谷 | 5√ | 宽U型谷 | 4 | 复式断面 | 3 | 平坦型 | 1 |
| 12 | 产沙区松散物平均厚度 | ＞10 m | 5 | 10~5 m | 4 | 5~1 m | 3 | ＜1 m | 1√ |
| 13 | 流域面积 | $0.2 km^2$~$5 km^2$ | 5 | 5~10 $km^2$ | 4 | 10~100 $km^2$ | 3√ | ＞100 $km^2$ | 1 |
| 14 | 流域相对高差 | ＞500 m | 4√ | 500~300 m | 3 | 300~100 m | 2 | ＜100 m | 1 |
| 15 | 河沟堵塞程度 | 严重 | 4 | 中等 | 3 | 轻微 | 2 | 无 | 1√ |
| 16 | 得分N | 91 | | | | | | | |
| 17 | 易发程度 | 中等易发（N=44~86） | | | | | | | |

表 5–14　苏峪口沟泥石流临界水深计算成果

| C（kPa） | $\rho_S$ false（g/cm³） | $\rho_W$ false（g/cm³） | g（N/kg） | θ（°） | ϕ（°） | h（m） | hw（m） |
|---|---|---|---|---|---|---|---|
| 15 | 2.0 | 1 | 9.8 | 26 | 32.5 | 2.5 | 2.7 |

（2）径流深计算

根据公式5–10计算苏峪口沟泥石流径流深，计算结果如表5–15所示：

表 5–15　苏峪口沟泥石流径流深计算成果

| B（m） | V（m/s） | hw（m） | Q（m³/s） | F（km²） | R（mm） |
|---|---|---|---|---|---|
| 75 | 2.3 | 2.7 | 465.75 | 50.5 | 33.2 |

由于贺兰山区无历史统计资料，因此苏峪口沟泥石流临界降雨量保守预测取值为80 mm。根据计算结果，苏峪口沟可能激发泥石流的1小时降雨强度（激发雨量）为33.2 mm。

### 5.2.2　苏峪口沟泥石流形成机理和成灾模式

5.2.2.1形成机理

通过野外调查、文献研究及专家经验，明确地形、物源、降雨为泥石流发育的主要影响因素。基于试验数据与经验公式，对泥石流流体特征（如流速、容重、冲击力等）进行了定性评价。但缺乏对地形、物源、降雨等因素在泥石流形成过程中的作用方式、耦合机制及物理机理的深入解析，缺乏基于物理机制的定量验证与动态模拟。基于此，引入 FLO–2D 模型，通过多次参数化模拟，复现了泥石流从启动到运移的动态过程，为泥石流防治提供科学根据。

苏峪口沟主沟平均纵坡降125.3‰，发生频率中频，但其流域面积较大，约50.5 km$^2$，经过现场调查，该沟历史上曾暴发过大规模的泥石流。其类型属于降雨激发型沟谷泥石流，但坡面泥石流应视作沟谷泥石流形成的前期阶段，因此，研究其机理应从斜坡产流产砂阶段和沟谷汇流冲刷启动形成泥石流两个方面进行研究。

（1）坡面产流产砂因素分析

斜坡是泥石流沟的主要地貌类型，占流域面积的绝大部分，它是接受降雨的主体，是沟谷汇流的源头，影响产流产沙的因素主要有：

①降雨因素。对应不同特征的降雨事件，同一斜坡的产流特征也不同。降雨事件的降雨量、降雨强度、降雨类型、雨型结构、降雨覆盖范围、前期降雨持时及有效前期降雨量等多个指标均影响产流。

②坡度。根据观察分析，苏峪口沟沿岸边坡的坡度≥30°，随着坡度的增大，其水平投影的受雨面积减小，接受的雨量减少，产流随之减少。

③地表覆被、岩性组构、微地貌等基本因素。大气降水落到地表后，一部分蒸发变成水蒸气返回大气，一部分沿着土壤孔隙下渗成为地下水，其余部分形成坡面积水、产生地表径流，而这部分还要经受植被茎叶、地表裂缝、地洞、大空隙、洼地的拦截。不同的地表覆被情况，不同表层岩土体的岩性、级配、结构，不同的地裂缝、空隙、洼地等微地貌发育特征，导致斜坡上的雨水

截留、下渗等损耗也不同，从而引起流域内坡面产流的空间差异。苏峪口沟道两侧岩性以砂岩、灰岩、页岩为主，地表风化强烈，岩石节理裂隙较发育，渗透能力强，雨滴落至地表即可形成下渗，坡面无产流；雨水下渗的过程中，冲刷、携带细粒、粗粒物质向土体内部更深入运移；随着细粒、黏粒物质不断积聚，形成隔水层，地下渗流开始由垂直向下转为向坡外渗出，顺路裹挟一些黏粒，形成产流产沙；斜坡内部隔水层逐渐连接成片，加上雨水不断下渗，导致隔水层附近孔隙水压力增大，有效应力和抗剪强度降低，随着坡体含水量增加，坡体自重增大，当下滑力超过抗滑力，隔水层上方物质发生蠕滑破坏。

④前期地表岩土体状态。地表岩土体在不同降雨、空气湿度、地震动等多种因素影响的环境下，其状态如土壤湿度、基质吸力、松散程度等也不同。土壤湿度，即前期土壤含水量，是变化最明显和最常见的指标。当土壤湿度越大，较少的入渗量即可达到饱和，所需历时短、形成产流越快，反之亦然。

⑤水力侵蚀。水力侵蚀是苏峪口沟泥石流细粒物质的主要补给途径。影响斜坡水力侵蚀产砂的因素主要有降雨、岩土性质等条件。降雨特征影响产流，地表径流越大，对斜坡的侵蚀越强烈。而同等雨量的降雨，降雨强度越大，地表径流越大，对地表的侵蚀越强，产砂更为明显；岩土性质等地质条件，决定了斜坡表面抗侵蚀能力。斜坡岩土体的岩性较软弱则易破碎、风化，颗粒直径越小，结构松散，则抗侵蚀能力越弱，较易被地表径流冲刷裹挟。

⑥重力侵蚀。苏峪口沟泥石流重力侵蚀产砂主要表现为斜坡失稳，如滑坡、崩塌、泻溜、蠕滑等。斜坡的岩性、结构、形态

差异导致其失稳破坏的可能性不同。重力侵蚀往往也有水力的附加作用，如降雨是诱发滑坡的重要因素。斜坡重力侵蚀产砂因其水敏性、突发性、规模较大的特点，成为泥石流的重要物质来源。苏峪口沟泥石流流域滑坡多为高位滑坡，主要发生在坡度较大、高差较大的斜坡、前方临空较好的泥石流台地边缘，其中在岩性软弱区多发，如强风化页岩、砂岩分布区滑坡发育密集；断层、褶皱等构造穿切带岩土体构造及派生节理裂隙发育，风化强烈，地下水富集。降雨通过入渗补给岩土体地下水，致使坡地自重增加，地下岩土体软化，进而诱发滑坡。其中部分滑坡在下滑过程中破碎，与坡面径流混合，形成泥石流，即坡面泥石流。

（2）沟谷汇流启动形成泥石流的影响因素分析

根据野外调查发现，苏峪口沟泥石流主要是由沟道径流冲刷启动沟床堆积物而形成。因此，揭示沟道物质启动形成泥石流的机理，对该泥石流灾害预警是十分必要的。沟道是坡面产流产砂的最终汇聚场所，它接受上游来水和周边斜坡坡面产流，形成沟道洪流。受径流的冲刷作用，沟床细小松散岩土体最先启动，水流含砂量逐渐增加，流体挟砂能力加强，侵蚀切割能力也随之增强，在向下游运动过程中继续不断地掏蚀沟床物质和劫掠沟岸物质，流体含砂量进一步增加，最终发展成沟谷泥石流。苏峪口沟泥石流为降水激发型的沟谷泥石流，在沟床可提供松散物质来源极其丰富的前提下，影响泥石流启动的因子主要为沟道径流特征、沟床物质构成、结构、沟床物质前期含水量、沟床比降等。

①径流流量、水位、流速越大，其冲刷搬运能力越强，底蚀、

侧蚀作用越明显，搬运的固体物质更多，并在搬运前行过程中充分拨拌融合形成泥石流。通过FLO-2D模拟结果显示，中上游有明显的堆积，侵蚀堆积活动比中下游严重。

②沟床物质的组成决定了泥石流的性质和运动特征。其中，细粒物质的含量决定了泥石流的性质和运动特征，苏峪口沟沟床物质以粗粒为主，呈稀性。

③沟床物质的结构，决定了洪流启动搬运沟床物质的难易程度。不同的级配和不同的岩性，决定了沟床物质的内部结构特征。苏峪口沟泥石流细粒偏少、坚硬的卵砾石较多，大块的卵砾石相互直接接触，支撑形成骨架，较细粒物质填充其间，强度较大，抗冲击能力较强。

④前期含水量的多寡影响沟床物质的结构强度，但这只对含有一定粉粒、黏粒物质的沟床才适用。前期含水量的增加，减少了沟床下渗所需水量，同时其孔隙水压力也随之增加，随着洪流的冲击和震动，其孔隙水压为急剧攀升，形成超孔隙水压力，颗粒结构支撑作用失效，抗剪强度锐减，从而被冲击破坏。

⑤沟床纵比降越大，赋予沟谷的势能越大，进而转化为充沛的动能，驱使洪流的冲刷侵蚀动力大增。苏峪口沟泥石流主沟平均纵坡降125.3‰，沟床纵比降较小，这也导致了其冲刷侵蚀能力有限，更多的以搬运为主。

5.2.2.2成灾模式

苏峪口沟泥石流成灾模式主要有冲刷破坏、淤积爬高、堵塞沟道三种模式。

（1）冲刷破坏

高速运动的泥石流具有强烈的冲击力。苏峪口沟泥石流物质中大于0.2 m的块石含量超过20%，粒径大于1 m的大块石占泥石流固体物质总量的3%~5%，泥石流搬运的最大块石粒径4 m，运动过程中破坏力较强。泥石流侵蚀主沟两侧的残坡积物，强烈的下切侵蚀和横向侵蚀，既补给固体物质，还严重影响两侧边坡的稳定性。泥石流通过狭窄、弯曲、陡峭的天然沟道后，出沟口进入宽阔平缓的洪积倾斜平原，流速降低，冲击力相对较小。虽然沟口局部沟槽修建了防洪堤，高度约3 m，但整体不连续，不能完全拦挡泥石流的冲击，苏峪口景区门口的设施和建筑仍存在受泥石流冲刷破坏的可能性，其余的泥石流物质沿沟槽继续向前，存在冲刷破坏滚苏岩画公路的可能性。

（2）淤积爬高

苏峪口沟泥石流流通区沟道狭窄、弯曲，沟坡陡峻，泥石流在流通区内流速快、惯性大，泥石流前进过程中在沟谷转弯处，受到阻挡，部分物质堆积下来，使得沟床迅速抬高，产生弯道超高或冲起爬高，存在越过沟岸对右岸景区道路造成损毁的可能性。

（3）堵塞沟道

苏峪口沟泥石流中上游沟道内存在较多的松散堆积物，因沟道蜿蜒曲折，在拐弯处极易形成冲洪积物的堆积，从而造成物源的增加。且通过 FLO–2D 模拟结果也表明，泥石流在多处拐弯位置随着时间的增加，堆积物厚度呈快速堆积的态势。

### 5.2.3　苏峪口沟泥石流数值模拟与危险性评价

#### 5.2.3.1　不同降雨频率的模拟

本次研究发现沟内存在大量的松散堆积物，沟谷较通畅顺直，在强降雨的情况下有发生泥石流的危险。因此，通过模拟可以预测在不同降雨工况下，苏峪口沟可能发生泥石流的危害程度，并且合理指导苏峪口沟地区泥石流的减灾工作。在 FLO–2D 泥石流模块中输入泥石流流量线和泥石流相关参数，开始泥石流模拟，本次研究四种降雨频率工况下的模拟，分别为10年、20年、50年、100年。苏峪口沟泥石流不同降雨工况下模拟结果见图5–31、图5–32、图5–33、图5–34所示。

通过对比遥感地形测绘成果生成的地形等值线和野外现场调查结果，泥石流实际前缘位置基本一致，通过 FLO–2D 模拟的100年一遇泥石流的扇顶位置在野外调查位置上游约329 m 位置（图5–35）。数值模拟泥深结果和野外调查相比较吻合，模拟结果准确性较高，模拟中各项参数的设置比较合理。

#### 5.2.3.2　危险性评价

（1）沟道淤堵情况分析

模拟50年一遇降雨工况下苏峪口沟泥石流最大泥深为8.38 m，泥深大于5 m 均分布于沟道内拐弯处，分布面积约为$42.86 \times 10^4$ m$^2$，其中5~10 m 面积为$7.84 \times 10^4$ m$^2$；10~15 m 面积为$4.33 \times 10^4$ m$^2$；15~19.67 m 面积为$0.931 \times 10^4$ m$^2$，主要分布于两处，这与野外实际调查情况基本相符（见图5–36）。主沟沟道内淤积的松散堆积物若淤堵严重，在持续暴雨条件下将会再次增加泥石流暴发的概率。

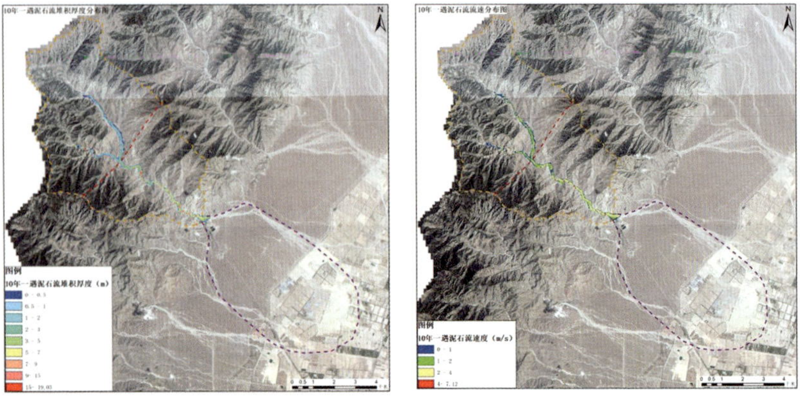


图5-31　10年一遇情况下泥石流堆积厚度和流速分布图

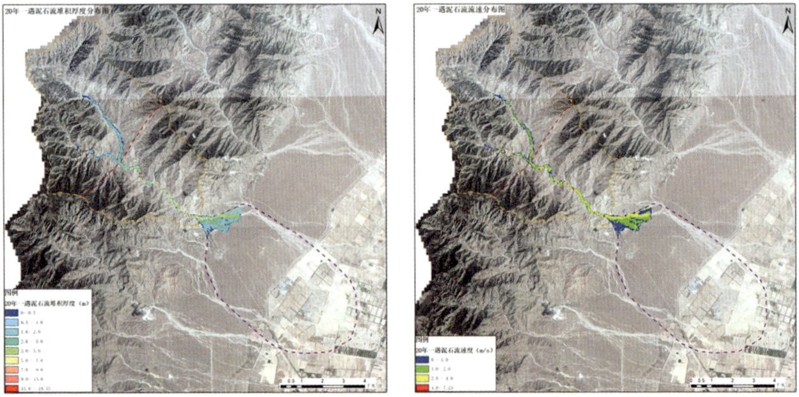


图5-32　20年一遇情况下泥石流堆积厚度和流速分布图

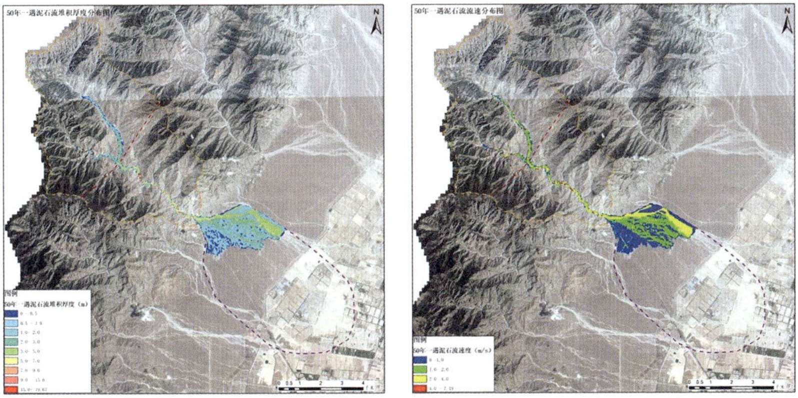


图5-33　50年一遇情况下泥石流堆积厚度和流速分布图

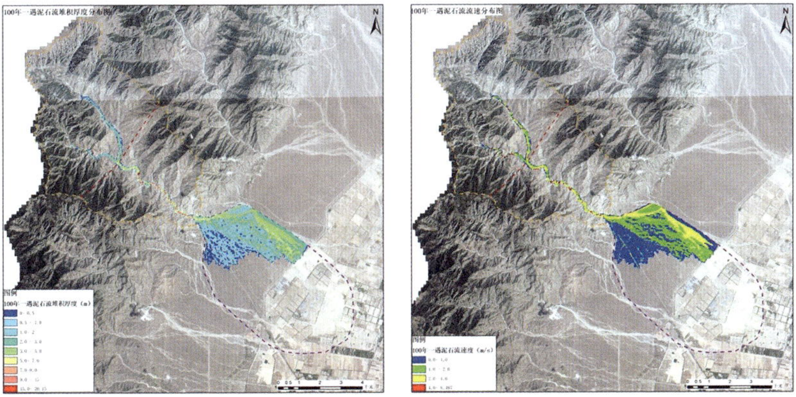


图5-34　100年一遇情况下泥石流堆积厚度和流速分布图

图5-35　泥石流野外调查扇缘与100年一遇模拟扇缘对比图

（2）泥石流冲出范围分析

在10年一遇降雨工况下，冲出范围面积为75 066.8 $m^2$，平均宽度约133 m，最远冲出距离260 m，最大泥深7.24 m。

在20年一遇降雨工况下，冲出范围面积为1 039 870.59 $m^2$，平均宽度约835 m，最远冲出距离1 887 m，最大泥深7.13 m。

在50年一遇降雨工况下，冲出范围面积为4 693 716.18 $m^2$，平均宽度约1 524 m，最远冲出距离4 029 m，最大泥深8.38 m。

在100年一遇降雨工况下，冲出范围面积为7 796 903.92 $m^2$，平均宽度约1 629 m，最远冲出距离5 156 m，最大泥深9.23 m。

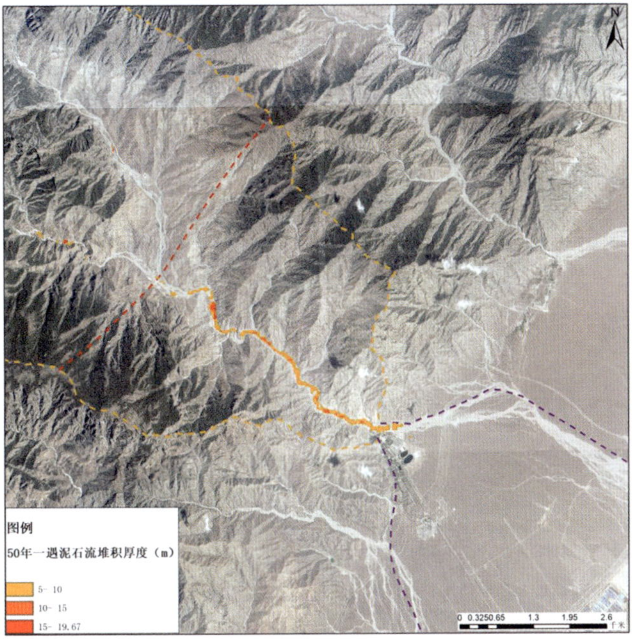


图5-36　50年降雨工况下泥石流泥深大于5 m分布范围图

各不同降雨工况下泥石流冲出淤埋覆盖范围详见图5-37。

（3）危险性评价

采用泥深（H）与流速（V）的乘积（H×V）结果划分泥石流影响范围内的危险性等级，根据数值模拟结果，通过ArcGIS的运算，得到四种降雨工况下泥石流暴发后影响范围内的危险性分区图，危险性分区情况详见表5-16及图5-38、图5-39、图5-40、图5-41。

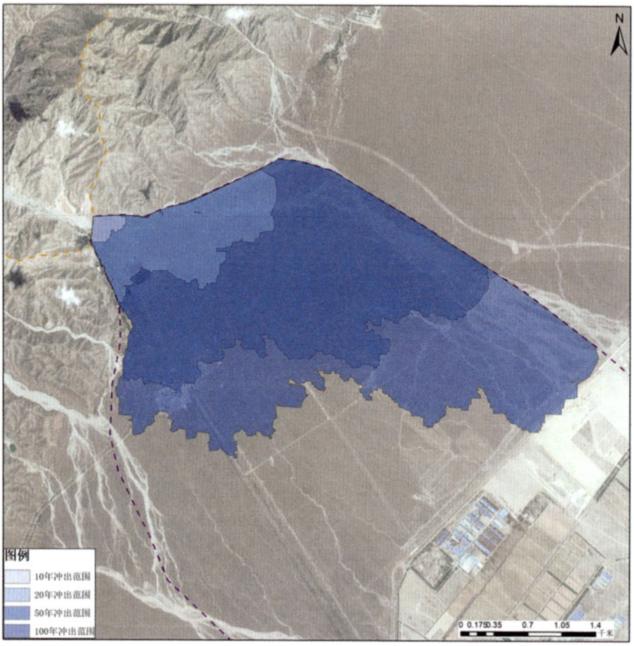


图5-37　不同降雨工况下泥石流冲出淤埋范围图

## 5-16　不同降雨工况泥石流危险性分区统计表

| 降雨工况 | 高危险区面积（$\times 10^4 m^2$） | 占比 | 中危险区面积（$\times 10^4 m^2$） | 占比 | 低危险区面积（$\times 10^4 m^2$） | 占比 |
|---|---|---|---|---|---|---|
| 10 年 | 142.67 | 90.28% | 10.47 | 6.63% | 4.89 | 3.09% |
| 20 年 | 228.20 | 86.24% | 10.77 | 11.46% | 7.92 | 2.3% |
| 50 年 | 487.97 | 77.75% | 110.42 | 17.59% | 29.9 | 4.66% |
| 100 年 | 714.01 | 76.64% | 173.34 | 18.60% | 44.22 | 4.76% |

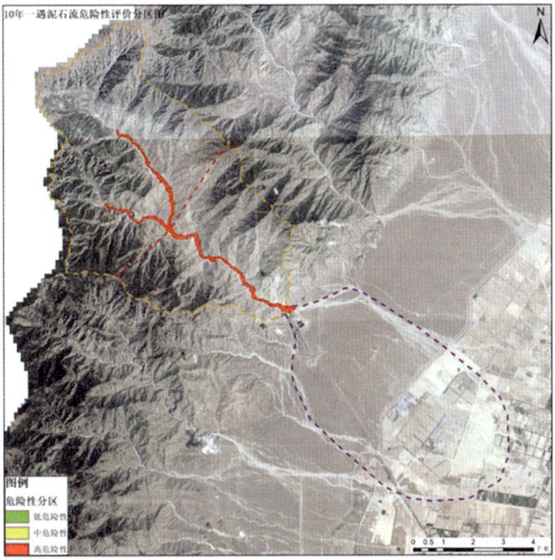


图5-38　10年降雨工况泥石流危险性分区图

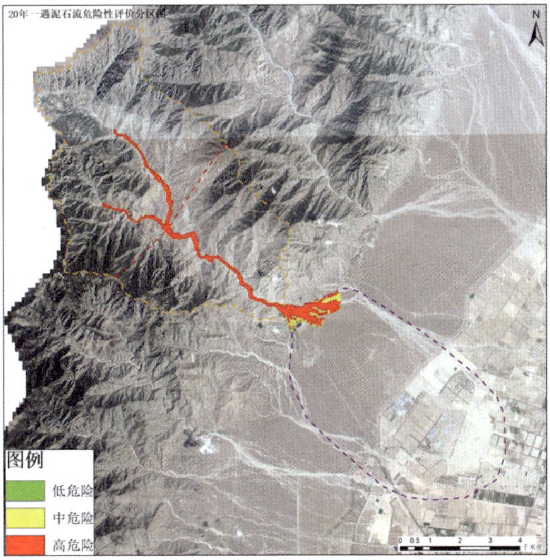


图5-39　20年降雨工况泥石流危险性分区图

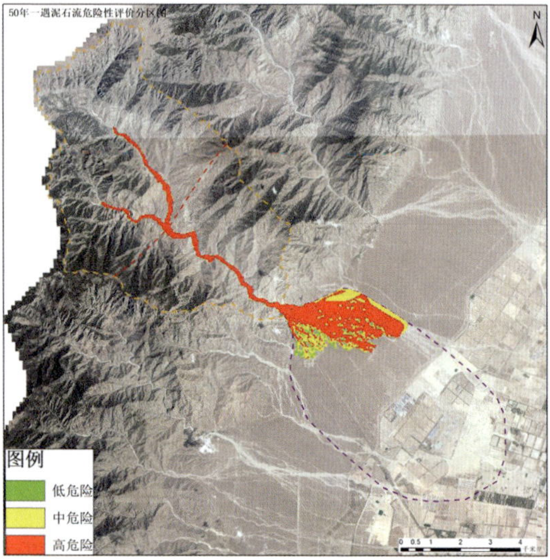


图5-40　50降雨工况泥石流危险性分区图

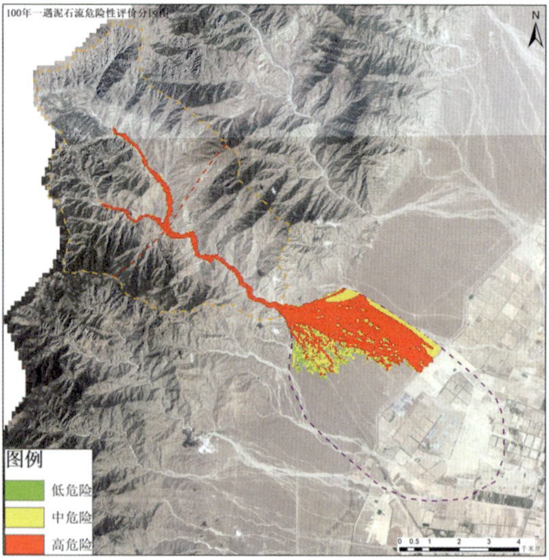


图5-41　100降雨工况泥石流危险性分区图

从表5-16和图5-38、图5-39、图5-40、图5-41中可以看出，无论是何种降雨工况下，苏峪口沟整个沟道均处于高危险区内，随着降雨频率增大，高危险区向沟前逐步扩展，究其原因与苏峪口现状沟床分布有关。无论是何种降雨工况下，高危险区整体占比超过75%，中危险区次之，低危险区占比少。

### 5.2.4　苏峪口沟泥石流发展趋势与危险性预测

（1）危害现状

苏峪口沟流域形态为树叶状，该沟流域面积50.5 km$^2$，主沟道总长14.78 km，沟谷总体呈西北－东南方向展布，海拔3 420~1 442 m，相对高差1 978 m，沟床平均纵比降125.3 ‰。两侧谷坡坡度为30°~60°，两侧沟壁近乎垂直陡立，沟道蜿蜒曲折，山体风化较强烈，节理裂隙发育。该区内昼夜温差大，物理风化强烈，受热胀冷缩作用影响，岩体被切割成块体，由大块变成小块，由小块变成砂土，堆积于斜坡较缓部位或坡脚地带，主要是以面蚀、剥落、局部崩塌和侧蚀等方式进入沟内，成为泥石流的固体物质补给物。

苏峪口沟在遭遇强降雨后存在发生洪水或泥石流的可能，该沟内有苏峪口国家森林公园，泥石流主要威胁对象为景区道路和景区建筑设施、景区工作人员和游客。

经调查，苏峪口沟泥石流为稀性泥石流，其危害方式以冲刷侵蚀、淹没为主。由于该泥石流携带的固体松散物质以砂卵砾石为主，泥沙较少，大块漂石淤积在上游、中游沟道内，致使沟道变窄、变迁，严重影响沟道的疏导功能，下游沟道宽泛，并且景区道路沿沟一侧而行，依山而建，一定程度上相当于对沟道进行了砌护，故该泥石流沟危害较小。

（2）发展趋势分析

苏峪口沟泥石流发展具有一定周期性、波动性，其所处阶段受诸多因素影响，随流域自然环境条件变化而变化，归结起来受控于地形地貌、气候、地震、固体松散物质累积速率、植被增减及人类活动等因素影响。经过对苏峪口沟流域调查，结合相关资料综合分析认为，该沟泥石流发展有逐步减弱的趋势，原因有以下三个方面：

其一，从沟道内不同时期泥石流侵蚀特征上来推断，其携带泥沙流量呈减小趋势。

其二，沟道中下游沟床相对较缓，沟床比降较小，碎屑物质聚集需要的时间更长，暴发的周期更长。

其三，沟道内无任何采矿活动，沟道两侧坡趋于稳定，崩塌、滑坡活动减弱，补给物质大量减少，泥石流物源减少。

综上所述，苏峪口沟泥石流呈衰退之势，规模将趋于减小，暴发周期不断变长。

（3）危害程度预测

主沟沟道内无人类活动，沟道内景区道路从沟脑修建至沟口，顺沟修建，近沟侧砌护，下游沟道宽泛，同时结合其发展趋势分析，该泥石流的危害程度较低。

### 5.2.5 风险管控建议

（1）在景区浏览路线图和旅游门票设计上，标明风景区主要泥石流灾害点位置及简明信息，让游客及时了解泥石流灾害点分布。

（2）在游览道路和风景点受泥石流影响范围内的人员活动场

所、公路沿途明显地段，设置警示标识并标明避险路线，达到提醒、警示行人的目的。

（3）严禁在冲沟中随意弃土、弃渣、堆放垃圾占用沟道，在雨季到来之前，及时清除沟道中的障碍物，保证沟道有良好的泄洪能力。

（4）在苏峪口旅游区入口管理区一侧设置挡墙，并修建排导堤，对泥石流进行排导，使其向堆积区自然排泄，防止泥石流爬高冲毁管理区建筑物。

（5）对旅游公路隧道附近的沟谷弯道进行适当裁弯取直，并在凹岸公路一侧设置挡墙，防止泥石流毁坏公路路基和隧道。

（6）建立苏峪口沟全流域专业监测预警系统，开展降雨监测、泥石流监测（泥位监测、视频监测等）、滑坡崩塌监测等，有效减缓泥石流的风险；确定防灾预警信号，以确实可行的方式进行报警，避免造成不必要的伤亡。

（7）设立专门的群测群防员，定期进行巡视，在工程治理之前，应先对泥石流沟口进行应急治理，将沟口堆积物清理，挖出简易排水槽，清理主沟内碎块石。

（8）加强地质灾害防治知识的宣传，提高群众的警觉性和安全意识，一旦出现异常征兆，应及时就近撤出危险区，并在公路上设立警示牌，提示过往车辆及行人。

# 5.3 小口子沟泥石流成灾机理研究

## 5.3.1 小口子沟泥石流形成条件及基本特征

### 5.3.1.1 形成条件

（1）地形条件

小口子沟泥石流流域面积5.48 km²，堆积区面积0.90 km²，沟谷流域平面形态呈树叶状。小口子主沟分为大寺沟段和小口子沟段，小口子沟段沟顶高程2 615 m，沟口高程1 426 m，高差1 189 m，沟长约5 046 m，平均纵坡降165.4‰（图5-42）；大寺沟沟顶高程2 487 m，沟口高程1 426 m，高差1 061 m，沟长约4 341 m，平均纵坡降182.4‰（图5-43）。

中上游形成区山体陡峻（图5-44），沟道纵坡降大于120‰，极利于降水在短时间内汇集，使坡面水流和支沟洪水迅速获得能量汇集在主沟道中，使沟道泥石流的规模和峰值快速升级，从而形成大规模泥石流冲出沟外。大寺沟段流通区沟谷狭窄弯曲（图5-45），不利于泥石流向沟口运移。小口子沟段流通区沟谷宽缓顺

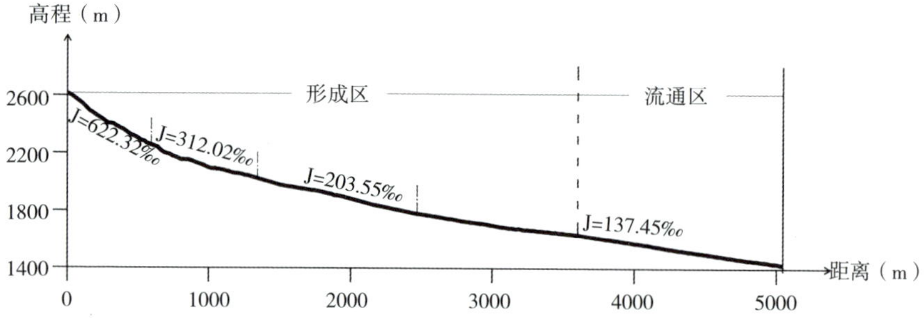


图5-42 小口子泥石流大寺沟主沟坡降变化图

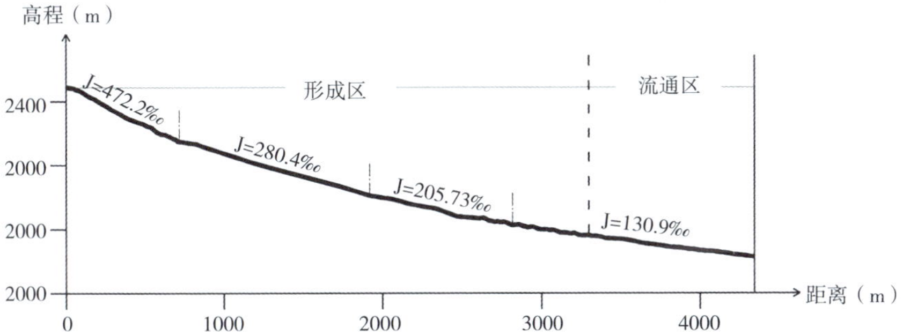


图5-43 小口子泥石流沟小口子沟主沟坡降变化图

图5-44 形成区陡峻山体

图5-45 大寺沟流通区沟谷狭窄

图5-46 小口子沟流通区沟谷宽缓顺直

图5-47 堆积区地势开阔

直（图5–46），有利于泥石流向沟口运移。沟口堆积区地势开阔（图5–47），为冲出泥石流提供了堆积场地，同时也具备了成灾条件。

（2）物源条件

小口子沟流域内松散固体物质储量不大，主要类型有崩坡积物、沟床堆积物和人工堆积物等三类，以沟道堆积为主，静态储量共约$105.68\times10^4\ m^3$，其中崩坡积物共约$4.82\times10^4\ m^3$，沟床堆积物$95.65\times10^4\ m^3$，人工堆积物总量$5.21\times10^4\ m^3$。预估动态储量约$27.24\times10^4\ m^3$。松散固体物质分布情况详见图5–48。

①崩坡积物

崩塌是较陡斜坡上的岩土体在重力或地震作用下向坡脚崩落、滚动，在坡脚或沟内形成堆积体，成分以碎、块石为主，它是泥石流直接、最易起动的固体松散物质。小口子沟内以小型崩塌为主，可直接崩落、滚动至沟底，沿主沟或支沟沟岸两侧零星分布，厚度1~2 m（图5–49）。

小口子沟位于贺兰山构造剥蚀山地区，山体陡峭，褶皱、断裂等构造极为发育，基岩主要为闪长岩、花岗闪长岩等，呈裸露状态，节理裂隙发育。本区域昼夜温差大，物理风化强烈，受热胀冷缩作用影响，岩体被切割成块体，由大块变成小块，由小块变成砂土，堆积于斜坡较缓部位或坡脚地带，主要是以面蚀、剥落、局部崩塌和侧蚀等方式进入沟内（图5–50），成为泥石流的固体物质补给物，厚度1 m 左右，储量一般不大。

②沟床堆积物

沟床堆积物是小口子沟泥石流的重要物源，这些堆积体大部分为山坡物质以面蚀、沟蚀、局部崩塌、坡面泥石流和支沟泥石

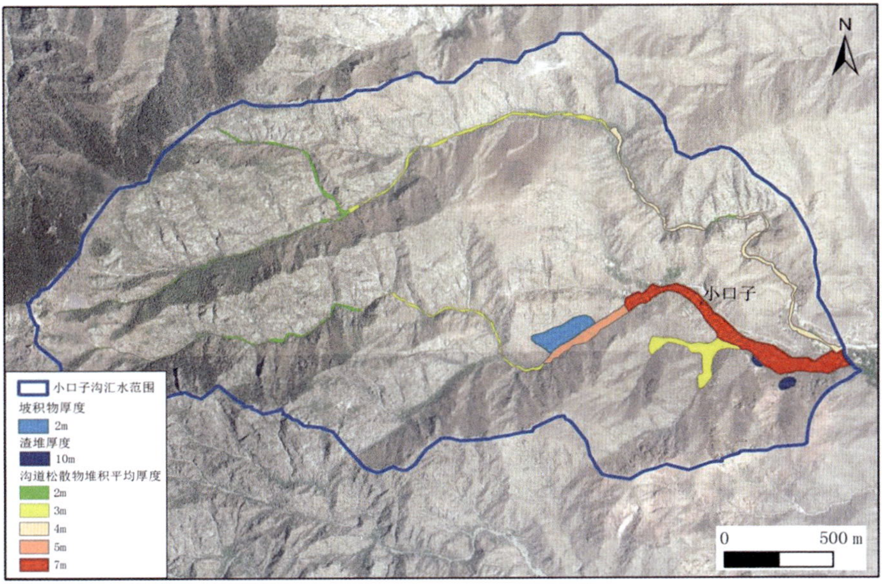


图5-48　小口子沟松散固体物质分布图

图5-49　坡脚崩塌堆积体（小口子沟）

图5-50　坡面堆积物

流等水力侵蚀和重力侵蚀方式进入沟谷，经水流改造后形成的土体，主要成分由漂石（块石）、卵石（碎石）、圆砾和砂粒组成，自形成区向堆积区有颗粒粒径整体逐步减小、小颗粒成分逐渐增多的趋势。主沟沟床堆积物厚度受沟宽、纵比降影响较大，一般宽缓沟谷段堆积物较厚。就小支沟而言，因沟床陡急，沟床堆积物较薄，以泥石流堆积物和崩积物为主，厚度较薄，局部地段基岩裸露。

整体上小口子沟和大寺沟上游沟谷狭窄，沟坡陡峭，沟谷内堆积物厚度较薄，以漂、卵石为主（图5–51），厚度一般1.0~3.0 m，局部沟床基岩出露（图5–52）。

小口子沟段中下游沟谷较宽阔，一般是边堆积、边冲刷，以漂、卵石为主（图5–53、图5–54），其堆积物相对较厚。

大寺沟段沟谷整体狭窄，堆积物较薄，局部的沟床基岩裸露（图5–55）。上游沟谷厚度一般1~2 m，中下游2~3 m，成分以漂、卵石为主（图5–56）。

③人工堆积物

人工堆积物主要为贺兰石开采遗留堆渣和道路修建弃土。贺

图5–51　主沟上游沟谷堆积物

图5–52　主沟上游沟床基岩出露

图5-53　小口子沟中游沟谷积物

图5-54　小口子沟下游沟谷积物

图5-55　大寺沟中游基岩裸露

图5-56　大寺沟中游沟谷堆积物

兰石开采遗留堆渣（图5-57）位于小口子沟下游南侧，分布于两条支沟沟口位置，厚度10~15 m，成分以碎石为主，松散状，未采取防护。道路修建挖方弃土大部分被利用，堆土沿道路零星分布，方量较少。

（3）水源条件

小口子沟为季节性冲沟，无地表常流水，诱发泥石流发生的水源为大气降雨。根据小口子雨量站资料，小口子沟流域降水量总体较少，多年平均降水量328.5 mm。降雨量年际变化大，月最大

图5-57　贺兰石开采遗留堆渣

降雨量191.8 mm，降水主要集中在6~9月份，占全年降水量的70%以上，降雨以局地突发性短时强降雨为主，具有历时短、强度大且集中的特点，为区域内泥石流地质灾害的发生提供了水源条件。

5.3.1.2　流域分区特征

根据地形地貌、泥石流形成、运移、堆积特征，将小口子沟泥石流流域划分为形成区、流通区和堆积区三部分，分区详见图5-58。

（1）形成区

形成区位于沟谷中上游，即小口子护林防火站以上区域，三面环山，呈枝状、羽状、鱼脊状地形，面积约4.27 $km^2$，主沟道长约3.38 km，占主沟总长的68.3%。周围山坡陡峻，以30°~60°的陡坡为主，局部近直立状。沟谷断面以“V”字型为主，主沟宽缓地段呈“U”字型，沟道纵比降203‰~622‰，形成区断面图见图5-59。

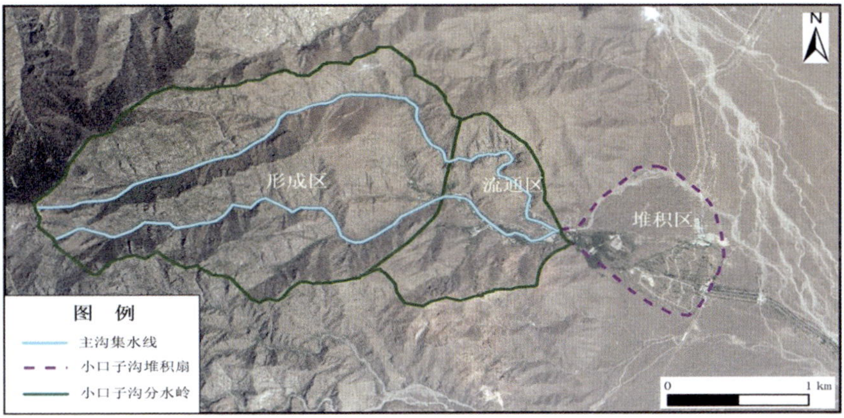


图5-58　小口子沟泥石流分区图

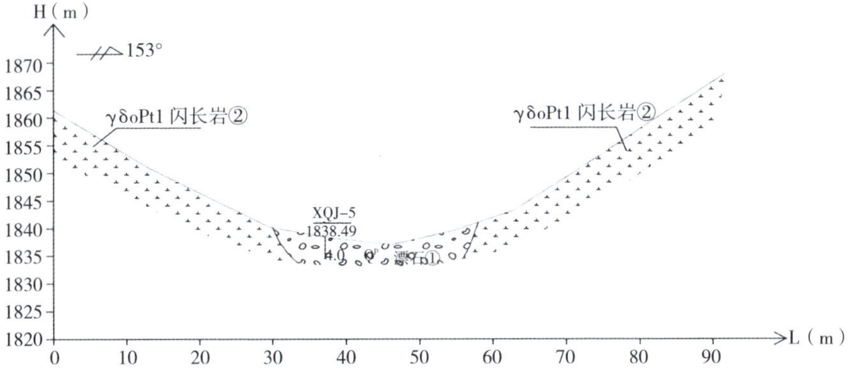


图5-59　小口子沟泥石流形成区主沟工程地质剖面图

区域内地层主要有古元古界闪长岩、花岗闪长岩。坡面表层风化强烈，沟道松散堆积物以第四系全新统洪积漂石和卵砾石为主，根据土工试验结果，沟道松散堆积物组成中粒径大于200 mm 约占

56%，粒径20~200 mm约占17%，粒径2~20 mm约占11%，粒径2~0.075 mm约占11%，整体以巨粒土为主，次为粗粒土，极少量细粒土。沟岸两侧小型潜在崩塌体居多，分布不连续，规模均为小型。区内断裂、褶皱发育，受构造影响，局部岩层呈大倾角产出，节理裂隙发育。两岸坡体植被较发育，主要植被类型有常绿针叶林植被类型、针阔混交林植被类型、落叶阔叶灌丛植被类型、落叶阔叶植被类型、高山草甸植被类型和疏林草地植被类型，植被覆盖率占10%~30%。

（2）流通区

流通区位于沟谷中、下游主沟道一带，流通区面积约1.21 $km^2$，主沟道长约1.67 km，占主沟总长的31.7%。沟谷断面以“V”字型为主，主沟宽缓地段呈“U”字型，沟道纵比降137‰，谷坡坡度30°~60°，流通区断面图见图5-60。区域内地层主要有古元古界闪长岩、花岗闪长岩。沟道松散堆积物以第四系全新统洪积漂石和卵砾石为主，根据土工试验结果，沟道松散堆积物组成中粒径大于200 mm约占56%，粒径20~200 mm约占18%，粒径2~20 mm约占13%，粒径2~0.075 mm约占11%，整体以巨粒土为主，次为粗粒土，极少量细粒土。沟岸两侧小型潜在崩塌体居多，分布不连续，规模均为小型。区内断裂、褶皱发育，受构造影响，局部岩层呈大倾角产出，节理裂隙发育。由于后期侵蚀下切作用，以沟底再搬运为主，最终将沟道松散堆积物携带至沟口处堆积。

（3）堆积区

堆积区位于沟口，堆积区面积约0.90 $km^2$，小口子沟堆积扇平面形态呈扇状，扇长约1.15 km，最大扇宽约1.34 km，扇形地势平

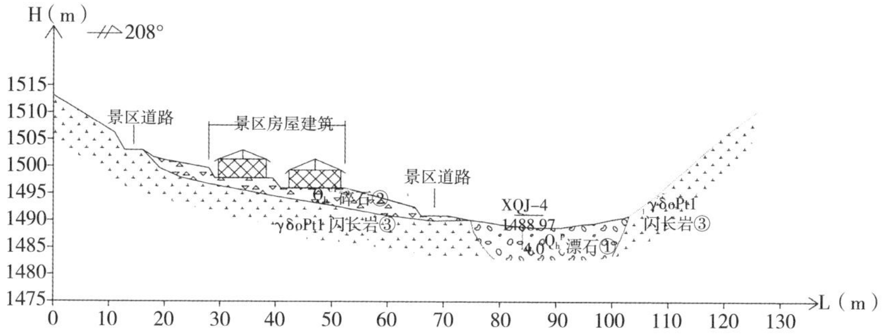


图5-60　小口子沟泥石流流通区主沟工程地质剖面图

缓，坡度2°~5°，堆积区断面图见图5-61。老洪积扇受下切作用，在北侧形成宽10~200 m的沟槽，沟槽深约3.0 m，向下部呈漫流状。扇形地主要为老洪积堆积区，新近堆积位于新近下切形成的沟槽中，地层以第四系上更新统卵砾石和漂石为主，充填砂粒，根据土工试验结果，沟道松散堆积物组成中粒径大于200 mm约占32%，粒径20~200 mm约占40%，粒径2~20 mm约占14%，粒径2~0.075 mm约占11%，整体以巨粒土为主，次为粗粒土，极少量细粒土。洪积扇上大部分为荒地，荒地上砾石遍布，分布少量杂草和低矮灌木。滚钟口景区入口南侧大部分开垦为林地，主要种植树木。在扇顶附近建有滚钟口景区入口管理建筑，新小公路自堆积扇上通过。

5.3.1.3　泥石流沟纵比降

小口子沟纵比降采用分段计算的方法取得，按公式5-18计算小口子沟纵比降J（‰）为165.4‰、大寺沟纵比降182.4‰。

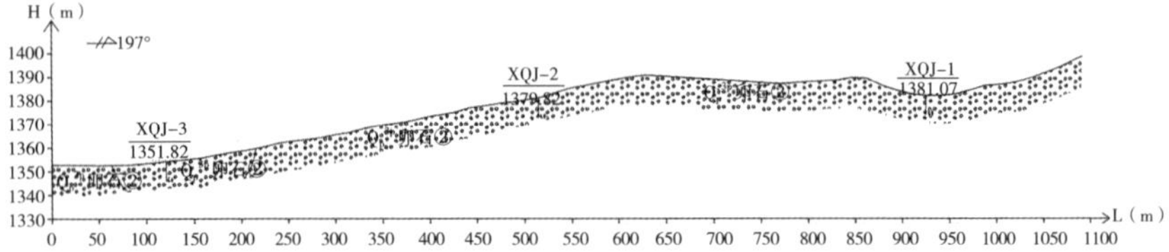


图5-61　小口子沟泥石流堆积区工程地质剖面图

5.3.1.4　形成过程和流动特征

（1）形成过程

小口子沟泥石流物质补给来源主要集中在主沟中游和上游及一些规模较大的支沟内，固体松散物质在两侧坡面及沟道内堆积。在强降雨条件下，沿陡峻沟坡漫流的坡面水流携带、冲刷表层松散物质，迅速向沟内汇集，沟谷上游及一些支沟内洪水沿比降较陡的沟床宣泄而下在主沟内汇合壮大，沿程渗浸、冲蚀沟内大量堆积的松散碎石土，特别是沟谷中游松散物质比较集中地冲蚀、汇入，使水与土体揉合，固液混杂，能量和流量不断加大，从而形成较大规模泥石流冲出沟口。

（2）流动特征

泥石流的流态、冲淤变化、流速及流量等受流域形态、沟道特征、固体松散物质数量及补给特征、降雨强度等控制。根据实地调查访问，区域内泥石流发生前后期基本上呈连续性流动，形成洪水—泥石流—洪水的汇流过程，其间基本无断流，只是泥石流重度、流量、流速发生变化。暴雨期间，先是携带泥沙洪水自沟内泄出，其流速较快，其后沟谷内出现比较沉闷的声音，泥石流似“稀粥状”自沟内涌出，流量比前期大，但流速较慢，在此之后又出现流量较小的洪水乃至停息。

（3）堆积特征

小口子沟泥石流以沟口堆积为主，少量沟道堆积，其颗粒组成基本一致。堆积物特征的变化主要表现在其堆积物粒度上。由于小口子沟中、上游坡降比较大，泥石流流速较快，泥石流堆积物相对较少，堆积颗粒以粗颗粒为主，可见漂石、块石；下游沟床相对较缓，且泥石流出山后沟道变宽，水动力降低，固体物质大规模堆积，细粒物质居多，以卵石、砾石为主，漂石次之。根据调查访问，结合本次浅井开挖以及收集过往钻孔资料显示，小口子沟出山口处泥石流堆积厚度大于10 m，泥石流堆积物垂向层与层之间特征不太明显。

5.3.1.5　泥石流流体特征值

（1）泥石流重度

本次研究采用现场实验法、形态调查法和查表法综合确定小口子沟泥石流重度为1.678 $t/m^3$，详见表5-17。

表 5-17　小口子沟泥石流浆体重度结果统计表

| 沟　名 | 现场测试平均重度（$t/m^3$）权重值（0.5） | 形态调查法重度（$t/m^3$）权重值（0.3） | 查表法重度（$t/m^3$）权重值（0.2） | 综合重度（$t/m^3$） |
|---|---|---|---|---|
| 小口子沟 | 1.668 | 1.70 | 1.669 | 1.678 |

（2）泥石流流量

小口子沟泥石流流量计算采用雨洪法。根据《宁夏水文手册》（2020年版）与《宁夏回族自治区暴雨洪水图集》（2016试用版），小口子沟位于贺兰山区，$Q_m$ 按式 $Q_m=8.5F^{0.55}$进行计算。

通过查询《宁夏回族自治区暴雨洪水图集》后附皮尔逊型Ⅲ曲线的模比系数 Kp 值表得到苏峪口沟的 Kp 值，分别计算求得小口子沟泥石流不同频率下的水流量和石流峰值流量，计算结果详见表5–18。

表 5–18　清水流量（Qp）及泥石流峰值流量（Qc）计算结果表

| 频率 | Qp（$m^3/s$） | Qc（$m^3/s$） |
|---|---|---|
| 百年一遇（1%） | 34.52 | 70.40 |
| 五十年一遇（2%） | 26.04 | 53.09 |
| 二十年一遇（5%） | 15.76 | 32.14 |
| 十年一遇（10%） | 9.29 | 18.94 |

（3）泥石流一次最大冲出量

小口子沟泥石流一次最大冲出量采用经验公式法取得，K 取 0.011 3，泥石流过程时间取2 300 s，按公式5–22计算的小口子沟不同降雨频率下泥石流一次最大冲出量，计算结果详见表5–19所示。

表 5–19　一次泥石流过程总量计算表

| 沟名 | 计算频率 P（%） | K | 泥石流历时 T（s） | 最大流量 Qc（$m^3/s$） | 一次泥石流过程总量 Qw（$\times 10^4$ $m^3$） |
|---|---|---|---|---|---|
| 小口子沟 | 100 年一遇（1%） | 0.113 | 2300 | 70.40 | 1.83 |
| | 50 年一遇（2%） | 0.113 | 2300 | 53.09 | 1.38 |

续表

| 沟名 | 计算频率 P（%） | K | 泥石流历时 T（s） | 最大流量 Qc（$m^3/s$） | 一次泥石流过程总量 Qw（$\times 10^4\ m^3$） |
|---|---|---|---|---|---|
| 小口子沟 | 20 年一遇（5%） | 0.113 | 2300 | 32.14 | 0.84 |
| | 10 年一遇（10%） | 0.113 | 2300 | 18.94 | 0.49 |

（4）一次泥石流冲出的固体物质总量

小口子沟一次泥石流冲出的固体物质总量采用经验公式5–23计算取得，采用参数和不同降雨频率下一次泥石流冲出的固体物质总量计算结果详见表5–20。

表 5–20　一次泥石流冲出的固体物质总量计算结果表

| 计算频率 P（%） | 泥石流容重 $\gamma_c$（$t/m^3$） | 清水容重 $\gamma_w$（$t/m^3$） | 固体物质比重 $\gamma_H$（$t/m^3$） | 一次泥石流过程总量 $Q_w$（$\times 10^4\ m^3$） | 一次泥石流冲出固体物质总量 $Q_H$（$\times 10^4\ m^3$） |
|---|---|---|---|---|---|
| 1 | 1.678 | 1 | 2.65 | 1.83 | 0.75 |
| 2 | 1.678 | 1 | 2.65 | 1.38 | 0.57 |
| 5 | 1.678 | 1 | 2.65 | 0.84 | 0.34 |
| 10 | 1.678 | 1 | 2.65 | 0.49 | 0.20 |

（5）泥石流规模

根据计算结果，小口子沟百年一遇泥石流一次最大冲出量为$0.75\times 10^4\ m^3$；五十年一遇泥石流一次最大冲出量为$0.57\times 10^4\ m^3$；二十年一遇泥石流一次最大冲出量为$0.34\times 10^4\ m^3$；十年一遇泥石流一次最大冲出量为$0.20\times10^4\ m^3$。按泥石流规模划分标准表可知，小口子沟十年、二十年和五十年、百年一遇泥石流规模为小型。

5.3.1.6　泥石流易发性

根据《泥石流灾害治理工程勘查规范》对小口子沟泥石流的易发程度进行评判，判定结果为小口子沟泥石流量化评分为93分，易发程度为易发，易发程度评判表见表5–21。

5.3.1.7　泥石流暴发概率

小口子沟泥石流位于宁夏回族自治区黄河以西地区，年降雨量小于500 mm，界限降雨量$H_{24(D)}$、$H_{1(D)}$、$H_{1/6(D)}$界限值分别为25 mm、15 mm和5 mm，最大降雨量$H_{24}$、$H_1$、$H_{1/6}$分别为163.84 mm、82.32 mm和15.82 mm，K值取1.1，按照公式5–1（暴雨强度指标公式）计算得到小口子沟泥石流的暴雨强度值$R=16.73>10$，则发生泥石流的概率大于0.8，即小口子沟发生泥石流的可能性大。

5.3.1.8　泥石流临界雨量阈值

由于小口子沟泥石流周期较长且泥石流灾害历史统计资料缺乏，本次研究采用启动法用于计算泥石流临界阈值。

（1）临界水深计算

根据公式5–7计算小口子沟泥石流临界水深，计算结果如表5–22所示。

表 5-21　小口子沟泥石流易发程度数量化评分表

| 序号 | 影响因素 | 量级划分 | | | | | | | |
|---|---|---|---|---|---|---|---|---|---|
| | | 极易发（A） | 得分 | 中等易发（B） | 得分 | 轻度易发（C） | 得分 | 不易发生（D） | 得分 |
| 1 | 崩塌、滑坡及水土流失（自然和人为活动）严重程度 | 崩塌、滑坡等重力侵蚀严重，多层滑坡和大型崩塌，表土疏松，冲沟十分发育 | 21 | 崩塌、滑坡发育，多层滑坡和中小型崩塌，有零星植被覆盖冲沟发育 | 16√ | 有零星崩塌、滑坡和冲沟存在 | 12 | 无崩塌、滑坡、冲沟或发育轻微 | 1 |
| 2 | 泥沙沿程补给长度比 | ＞60% | 16√ | 60%~30% | 12 | 30%~10% | 8 | ＜10% | 1 |
| 3 | 沟口泥石流堆积活动程度 | 主河河形弯曲或堵塞，主流受挤压偏移 | 14 | 主河河形无较大变化，仅主流受迫偏移 | 11 | 主河河形无变化，主流在高水位时偏，低水位时不偏 | 7√ | 主河无河形变化，主流不偏 | 1 |
| 4 | 河沟纵坡 | 12°（21.3%） | 12 | 12°~6°<br>（21.3%~10.5%） | 9√ | 6°~3°<br>（10.5%~5.2%） | 6 | ＜3°<br>-3.20% | 1 |
| 5 | 区域构造影响程度 | 强抬升区，6 级以上地震区，断层破碎带 | 9√ | 抬升区，4~6 级地震区，有中小支断层 | 7 | 相对稳定区，4 级以下地震区，有小断层 | 5 | 沉降区，构造影响小或无影响 | 1 |
| 6 | 流域植被覆盖率 | ＜10% | 9 | 10%~30% | 7 | 30%~60% | 5√ | ＞60% | 1 |

续表

| 序号 | 影响因素 | 量级划分 | | | | | | | |
|---|---|---|---|---|---|---|---|---|---|
| | | 极易发（A） | 得分 | 中等易发（B） | 得分 | 轻度易发（C） | 得分 | 不易发生（D） | 得分 |
| 7 | 河沟近期一次变幅 | ＞2 m | 8 | 2 m~1 m | 6 | 1 m~0.2 m | 4√ | 0.2 m | 1 |
| 8 | 岩性影响 | 软岩、黄土 | 6 | 软硬相间 | 5 | 风化强烈和节理发育的硬岩 | 4√ | 硬岩 | 1 |
| 9 | 沿沟松散物储量（$10^4$ m/$km^2$） | ＞10 | 6 | 10~5 | 5 | 5~1 | 4 | ＜1 | 1√ |
| 10 | 沟岸山坡坡度 | ＞32°（62.5%） | 6√ | 32°~25°（62.5%~46.6%） | 5 | 25°~15° | 4 | ＜15° | 1 |
| 11 | 产沙区沟槽横断面 | V型、U型谷、谷中谷 | 5√ | 宽U型谷 | 4 | 复式断面 | 3 | 平坦型 | 1 |
| 12 | 产沙区松散物平均厚度 | ＞10 m | 5 | 10 m~5 m | 4 | 5 m~1 m | 3 | ＜1 m | 1√ |
| 13 | 流域面积 | 0.2 $km^2$~5 $km^2$ | 5 | 5 $km^2$~10 $km^2$ | 4√ | 10 $km^2$~100 $km^2$ | 3 | ＞100 $km^2$ | 1 |
| 14 | 流域相对高差 | ＞500 m | 4√ | 500 m~300 m | 3 | 300 m~100 m | 2 | ＜100 m | 1 |
| 15 | 河沟堵塞程度 | 严重 | 4 | 中等 | 3 | 轻微 | 2√ | 无 | 1 |
| 16 | 得分N | 93 | | | | | | | |
| 17 | 易发程度 | 易发（N=87~115） | | | | | | | |

表 5-22　小口子沟泥石流临界水深计算成果

| C（kPa） | $\rho_s$（g/cm³） | $\rho_w$（g/cm³） | g（N/kg） | θ（°） | ϕ（°） | h（m） | hw（m） |
|---|---|---|---|---|---|---|---|
| 14.9 | 1.98 | 1 | 9.8 | 32 | 30.5 | 2.4 | 2.3 |

（2）径流深计算

根据公式5-10计算小口子沟泥石流径流深，计算结果如表5-23所示。

表 5-23　小口子沟泥石流径流深计算成果

| B（m） | V（m/s） | hw（m） | Q（m³/s） | F（km²） | R（mm） |
|---|---|---|---|---|---|
| 18 | 1.3 | 2.3 | 53.82 | 5.6 | 34.59 |

由于贺兰山区无历史统计资料，因此小口子沟泥石流临界降雨量保守预测取值为80 mm。根据计算结果，小口子沟可能激发泥石流的1小时降雨强度（激发雨量）为34.59 mm。

### 5.3.2　小口子沟泥石流形成机理和成灾模式

#### 5.3.2.1　形成机理

通过野外调查、文献研究及专家经验，明确地形、物源、降雨为泥石流发育的主要影响因素。基于试验数据与经验公式，对泥石流流体特征（如流速、容重、冲击力等）进行了定性评价。但缺乏对地形、物源、降雨等因素在泥石流形成过程中的作用方式、耦合机制及物理机理的深入解析，缺乏基于物理机制的定量验证与动态模拟。基于此，引入FLO-2D模型，通过多次参数化模拟，复现了泥石流从启动到运移的动态过程，为泥石流防治提供科学根据。

小口子沟主沟平均纵坡降165.4‰，发生频率低，其流域面积较小，约5.48 $km^2$，经过现场调查，该沟历史上曾暴发过小规模的泥石流。其类型属于降雨激发型沟谷泥石流，但坡面泥石流应视作沟谷泥石流形成的前期阶段，因此，研究其机理应从斜坡产流产砂阶段和沟谷汇流冲刷启动形成泥石流两个方面进行研究。

（1）坡面产流产砂因素分析

斜坡是泥石流沟的主要地貌类型，占流域面积的绝大部分，它是接受降雨的主体，是沟谷汇流的源头，影响产流产沙的因素主要有：

①降雨因素。对应不同特征的降雨事件，同一斜坡的产流特征也不同。降雨事件的降雨量、降雨强度、降雨类型、雨型结构、降雨覆盖范围、前期降雨持时及有效前期降雨量等多个指标均影响产流。

②坡度。根据观察分析，小口子沟沿岸边坡的坡度≥30°，随着坡度的增大，其水平投影的受雨面积减小，接受的雨量减少，产流随之减少。

③地表覆被、岩性组构、微地貌等基本因素。大气降水落到地表后，一部分蒸发变成水蒸气返回大气，一部分沿着土壤孔隙下渗成为地下水，其余部分形成坡面积水、产生地表径流，而这部分还要经受植被茎叶、地表裂缝、地洞、大空隙、洼地的拦截。不同的地表覆被情况，不同表层岩土体的岩性、级配、结构，不

同的地裂缝、空隙、洼地等微地貌发育特征，导致斜坡上的雨水截留、下渗等损耗也不同，从而引起流域内坡面产流的空间差异。小口子沟道两侧岩性以闪长岩为主，地表风化强烈，岩石节理裂隙较发育，渗透能力强，雨滴落至地表即可形成下渗，坡面无产流；雨水下渗的过程中，冲刷、携带细粒、粗粒物质向土体内部更深入运移；随着细粒、粘粒物质不断积聚，形成隔水层，地下渗流开始由垂直向下转为向坡外渗出，顺路裹挟一些粘粒，形成产流产沙；斜坡内部隔水层逐渐连接成片，加上雨水不断下渗，导致隔水层附近孔隙水压力增大，有效应力和抗剪强度降低，随着坡体含水量增加，坡体自重增大，当下滑力超过抗滑力，隔水层上方物质发生蠕滑破坏。

④前期地表岩土体状态。地表岩土体在不同降雨、空气湿度、地震动等多种因素影响的环境下，其状态如土壤湿度、基质吸力、松散程度等也不同。土壤湿度，即前期土壤含水量，是变化最明显和最常见的指标。当土壤湿度越大，较少的入渗量即可达到饱和，所需历时短、形成产流越快，反之亦然。

⑤水力侵蚀。水力侵蚀是小口子沟泥石流细粒物质的主要补给途径。影响斜坡水力侵蚀产砂的因素主要有降雨、岩土性质等条件。降雨特征影响产流，地表径流越大，对斜坡的侵蚀越强烈。而同等雨量的降雨，降雨强度越大，地表径流越大，对地表的侵蚀越强，产砂更为明显；岩土性质等地质条件，决定了斜坡表面抗侵蚀能力。斜坡岩土体的岩性较软弱则易破碎、风化，颗粒直径越小，结构松散，则抗侵蚀能力越弱，较易被地表径流冲刷裹挟。

⑥重力侵蚀：小口子沟泥石流重力侵蚀产砂主要表现为斜坡失稳，如滑坡、崩塌、泻溜、蠕滑等。斜坡的岩性、结构、形态差异导致其失稳破坏的可能性不同。重力侵蚀往往也有水力的附加作用，如降雨是诱发滑坡的重要因素。斜坡重力侵蚀产砂因其水敏性、突发性、规模较大的特点，成为泥石流的重要物质来源。小口子沟泥石流流域滑坡多为高位滑坡，主要发生在坡度较大、高差较大的斜坡、前方临空较好的泥石流台地边缘，其中在岩性软弱区多发，如强风化闪长岩分布区滑坡发育密集；断层、褶皱等构造穿切带岩土体构造及派生节理裂隙发育，风化强烈，地下水富集。降雨通过入渗补给岩土体地下水，致使坡地自重增加，地下岩土体软化，进而诱发滑坡。其中部分滑坡在下滑过程中破碎，与坡面径流混合，形成泥石流，即坡面泥石流。

（2）沟谷汇流启动形成泥石流的影响因素分析

根据野外调查发现，小口子沟沟谷泥石流主要是由沟道径流冲刷启动沟床堆积物而形成。因此，揭示沟道物质启动形成泥石流的机理，对该泥石流灾害预警是十分必要的。沟道是坡面产流产砂的最终汇聚场所，它接受上游来水和周边斜坡坡面产流，形成沟道洪流。受径流的冲刷作用，沟床细小松散岩土体最先启动，水流含砂量逐渐增加，流体挟砂能力加强，侵蚀切割能力也随之增强，在向下游运动过程中继续不断地掏蚀沟床物质和劫掠沟岸物质，流体含砂量进一步增加，最终发展成沟谷泥石流。小口子沟泥石流为降水激发型的沟谷泥石流，在沟床可提供松散物质来源极其丰富的前提下，影响泥石流启动的因子主要为沟道径流特征、沟床物质构成、结构、沟床物质前期含水量、沟床比降等。

①径流流量、水位、流速越大，其冲刷搬运能力越强，底蚀、侧蚀作用越明显，搬运的固体物质更多，并在搬运前行过程中充分拨拌融合形成泥石流。通过FLO-2D模拟结果显示，中上游有明显的堆积，侵蚀堆积活动比中下游严重。

②沟床物质的组成决定了泥石流的性质和运动特征。其中，细粒物质的含量决定了泥石流的性质和运动特征，小口子沟沟床物质以粗粒为主，呈稀性。

③沟床物质的结构，决定了洪流启动搬运沟床物质的难易程度。不同的级配和不同的岩性，决定了沟床物质的内部结构特征。小口子沟泥石流细粒偏少、坚硬的卵砾石较多，大块的卵砾石相互直接接触，支撑形成骨架，较细粒物质填充其间，强度较大，抗冲击能力较强。

④前期含水量的多寡影响沟床物质的结构强度，但这只对含有一定粉粒、黏粒物质的沟床才适用。前期含水量的增加，减少了沟床下渗所需水量，同时其孔隙水压力也随之增加，随着洪流的冲击和震动，其孔隙水压力急剧攀升，形成超孔隙水压力，颗粒结构支撑作用失效，抗剪强度锐减，从而被冲击破坏。

⑤沟床纵比降越大，赋予沟谷的势能越大，进而转化为充沛的动能，驱使洪流的冲刷侵蚀动力大增。小口子沟泥石流主沟平均纵坡降165.4‰，沟床纵比降较小，这也导致了其冲刷侵蚀能力有限，更多的以搬运为主。

5.3.2.2　成灾模式

小口子沟泥石流成灾模式主要有冲刷破坏、淤积爬高、堵塞沟道三种模式。

（1）冲刷破坏

冲刷破坏过渡性、高速运动的泥石流具有强烈的冲击力。小口子沟泥石流物质中大于0.2 m的块石含量超过30%，粒径大于1 m的大块石占泥石流固体物质总量的5%~8%，泥石流搬运的最大块石粒径4 m，运动过程中破坏力较强。泥石流侵蚀主沟两侧的残坡积物，强烈的下切侵蚀和横向侵蚀，既补给固体物质，还严重影响两侧边坡的稳定性。泥石流通过狭窄、弯曲、陡峭的天然沟道后，出沟口进入宽阔平缓的洪积倾斜平原，流速降低，冲击力相对较小。虽然小口子沟在小南沟和大寺沟沟口交汇处修建了导洪堤，高度约3 m，在一定程度上能够将沟道内的泥石流排导至下游，但滚钟口景区门口的设施和建筑仍在泥石流的影响范围内，存在受泥石流冲刷破坏的可能性，其余的泥石流物质沿沟槽继续向前，存在冲刷破坏滚苏公路的可能性。

（2）淤积爬高

小口子沟泥石流流通区沟道狭窄、弯曲，沟坡陡峻，泥石流在流通区内流速快、惯性大，泥石流前进过程中在沟谷转弯处，受到阻挡，部分物质堆积下来，使得沟床迅速抬高，产生弯道超高或冲起爬高，存在越过沟岸对右岸景区道路造成损毁的可能性。

（3）堵塞沟道

小口子沟泥石流中上游沟道内存在较多的松散堆积物，其中不乏一些超过2 m的大块石，加之该泥石流沟沟道蜿蜒曲折，大块石极易在一些拐弯狭窄的地方堵住，造成其他冲洪积物的堆积，通过 FLO-2D 的模拟可以看出，在多处拐弯位置随着时间的增加，堆积物厚度呈快速堆积的态势。

## 5.3.3　小口子沟泥石流数值模拟与危险性评价

### 5.3.3.1　不同降雨频率的数值模拟

本次研究发现沟内仍存在大量的松散堆积物，沟谷较通畅顺直，在强降雨的情况下有发生泥石流的危险。因此，通过模拟可以预测在各种降雨频率下，小口子沟可能发生泥石流的危害程度，并且合理指导小口子沟泥石流的减灾工作。

在FLO-2D泥石流模块中输入泥石流流量线和泥石流相关参数，开始泥石流模拟，本次研究四种降雨频率工况下的模拟，分别为10年、20年、50年、100年。小口子沟泥石流模拟结果详见图5-62、图5-63、图5-64、图5-65、图5-66、图5-67、图5-68、图5-69。

图5-62　10年一遇情况下泥石流堆积厚度分布图

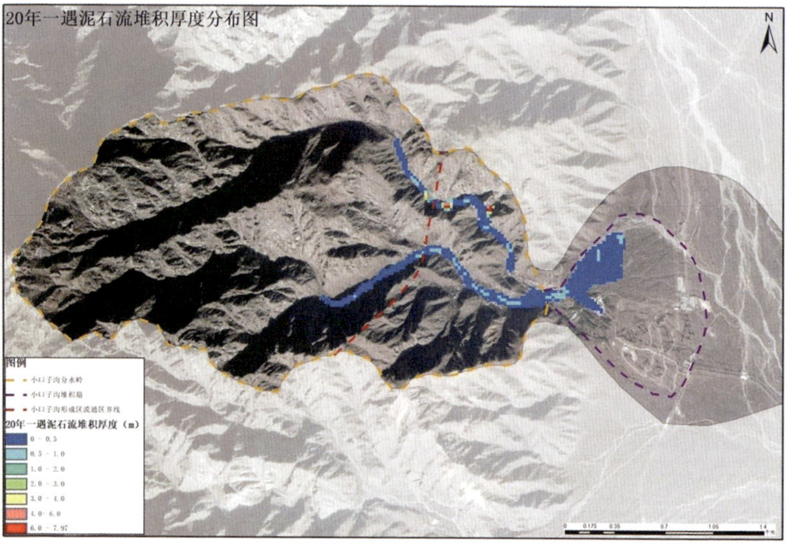


图5-63　20年一遇情况下泥石流堆积厚度分布图

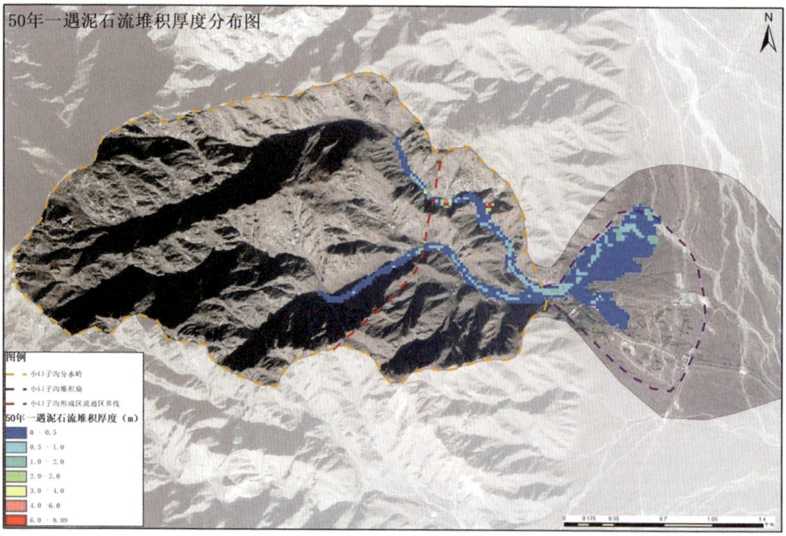


图5-64　50年一遇情况下泥石流堆积厚度分布图

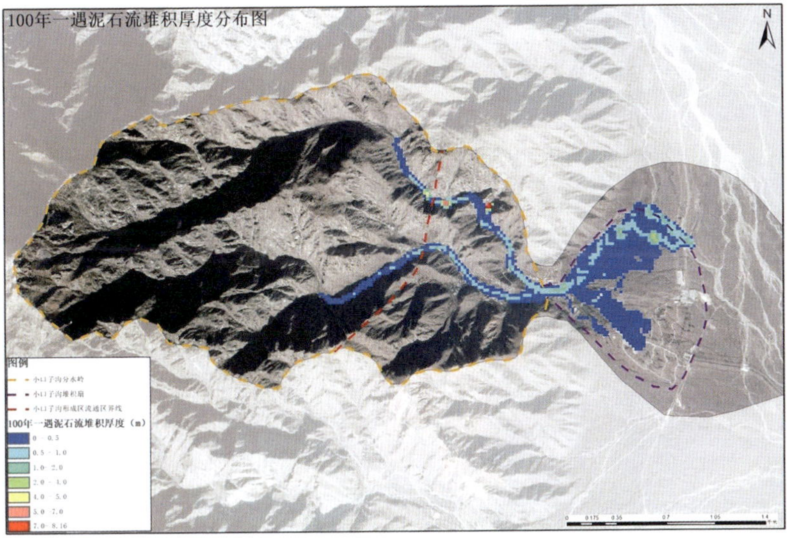


图5-65　100年一遇情况下泥石流堆积厚度分布图

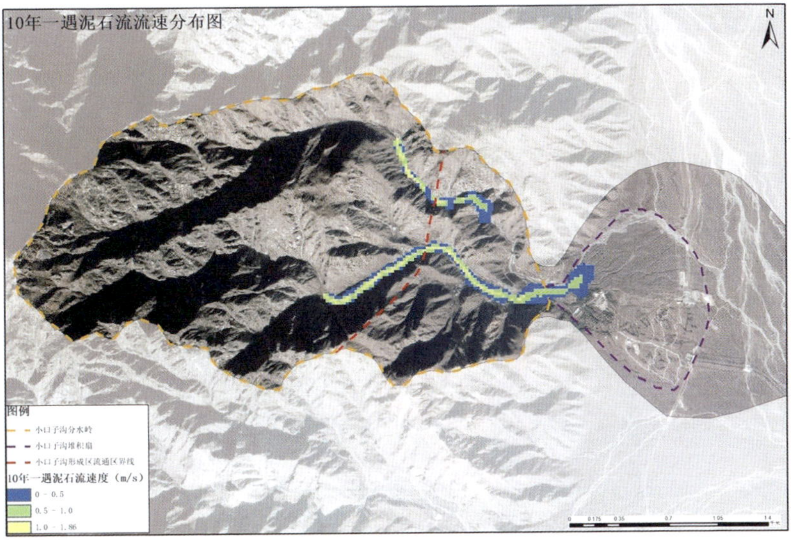


图5-66　10年一遇情况下泥石流堆积厚度和流速分布图

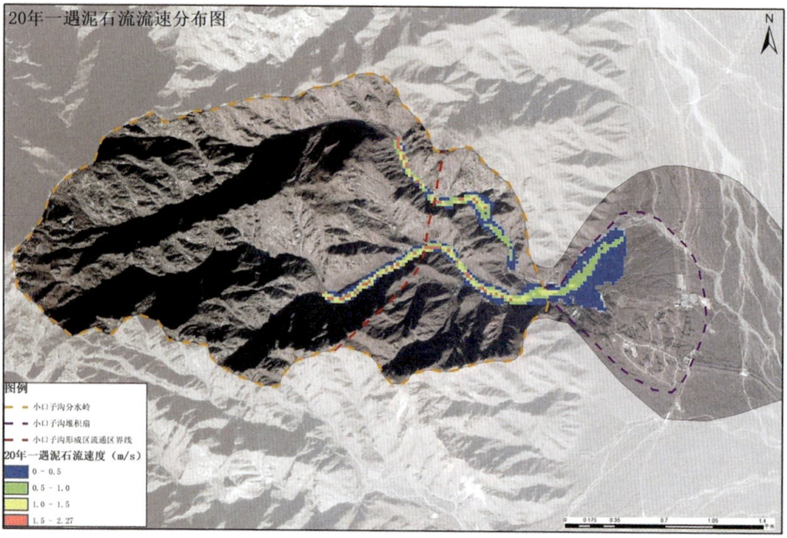


图5-67　20年一遇情况下泥石流堆积厚度和流速分布图

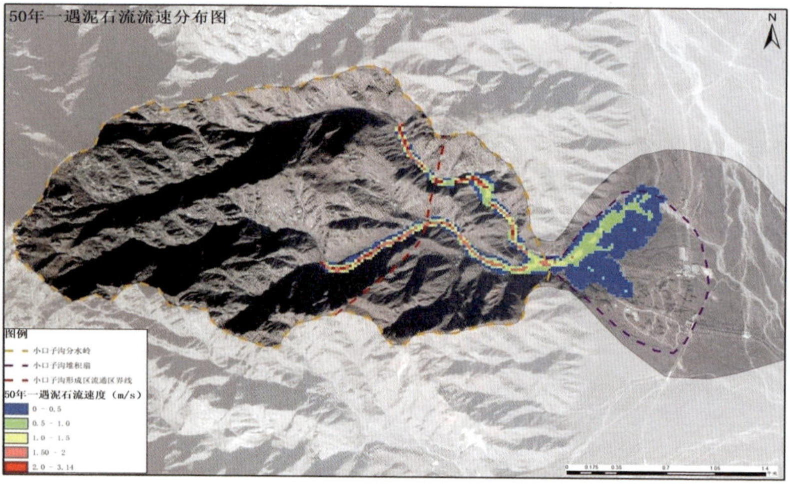


图5-68　50年一遇情况下泥石流堆积厚度和流速分布图

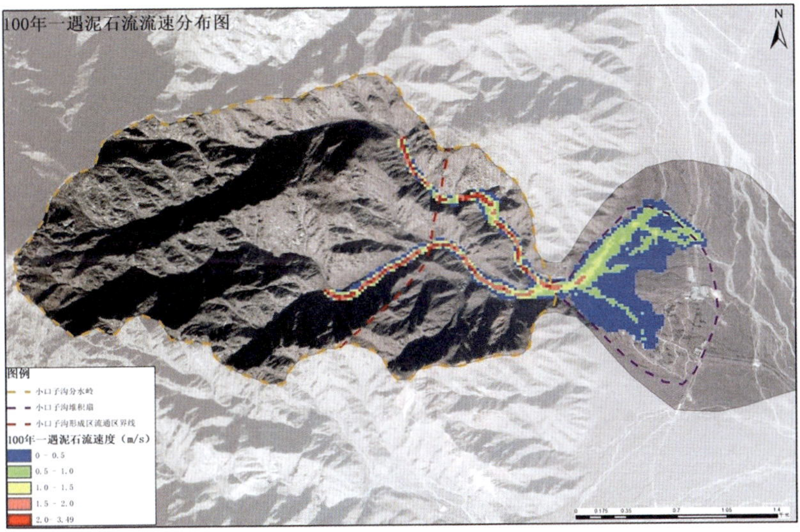


图5-69　100年一遇情况下泥石流堆积厚度和流速分布图

通过对比遥感地形测绘成果生成的地形等值线和野外现场调查结果，泥石流实际扇顶位置基本一致，通过FLO-2D模拟的百年一遇泥石流的扇顶位置在野外调查位置东侧约92 m位置，见图5-70。数值模拟泥深结果和野外调查相比较吻合，模拟结果准确性较高，模拟中各项参数的设置比较合理。

5.3.3.2　危险性评价

（1）沟道淤堵情况分析

模拟50年一遇降雨工况下小口子沟泥石流最大泥深为8.09 m，泥深大于5 m均分布于沟道内形成区拐弯处，分布面积约为4 700 $m^2$，这与野外实际调查情况基本相符（见图5-71）。主沟沟道内淤积的松散堆积物若淤堵严重，在持续暴雨条件下将会再次增加泥石流暴发的概率。

图5-70　泥石流野外调查扇缘与百年一遇模拟扇缘对比图

图5-71　50年降雨工况下泥石流泥深大于5 m分布范围图

（2）泥石流冲出范围分析

在10年一遇降雨频率下，堆积范围面积为131 043.88 m$^2$，平均宽度约69 m，最大泥深6.67 m。

在20年一遇降雨频率下，堆积范围面积为197 710.2 m$^2$，平均宽度约139 m，最大泥深7.97 m。

在50年一遇降雨频率下，堆积范围面积为323 175 m$^2$，平均宽度约150 m，最大泥深8.09 m。

在100年一遇降雨频率下，堆积范围面积为422 800 m$^2$，平均宽度约215 m，最大泥深8.16 m。

各不同降雨工况下泥石流冲出淤埋覆盖范围详见图5-72。

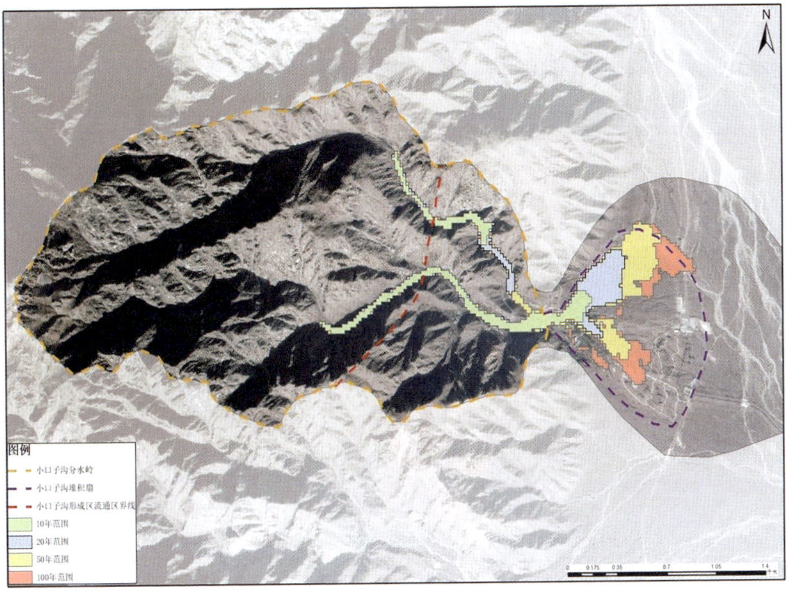


图5-72　不同降雨工况下泥石流冲出淤埋范围图

（3）危险性评价

采用泥深（H）与流速（V）的乘积（H×V）结果划分泥石流影响范围内的危险性等级，根据数值模拟结果，通过 ArcGIS 的运算，得到四种降雨工况下泥石流暴发后影响范围内的危险性分区图，危险性分区情况详见表5-24及图5-73、图5-74、图5-75、图5-76所示。

表 5-24　不同降雨频率下泥石流危险性分区统计表

| 降雨频率 | 低危险区面积（$\times 10^4$ $m^2$） | 占比 | 中危险区面积（$\times 10^4$ $m^2$） | 占比 | 高危险区面积（$\times 10^4$ $m^2$） | 占比 |
|---|---|---|---|---|---|---|
| 10 年 | 5.50 | 41.93% | 6.51 | 49.70% | 1.09 | 8.37% |
| 20 年 | 7.58 | 38.32% | 8.72 | 44.08% | 3.49 | 17.6% |
| 50 年 | 10.4 | 32.18% | 13.12 | 40.60% | 8.79 | 27.22% |
| 100 年 | 14.56 | 34.44% | 16.16 | 38.22% | 11.56 | 27.34% |

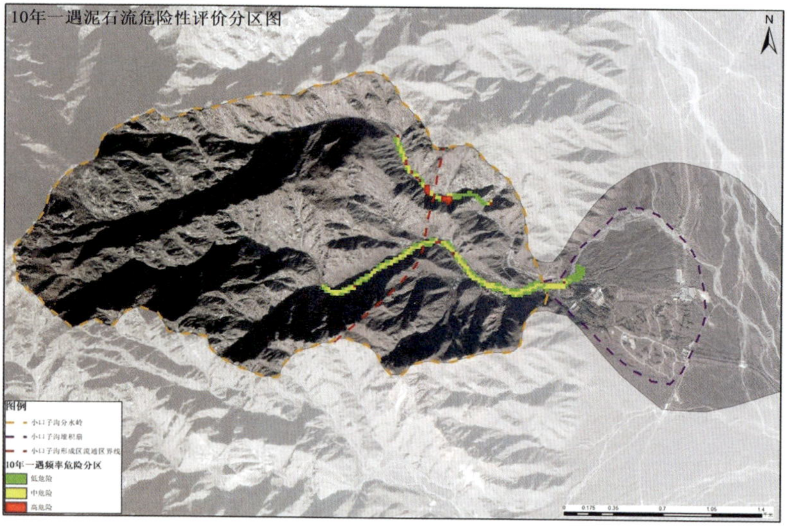


图5-73　10年降雨频率情况下泥石流危险性分区图

图5-74　20年降雨频率情况下泥石流危险性分区图

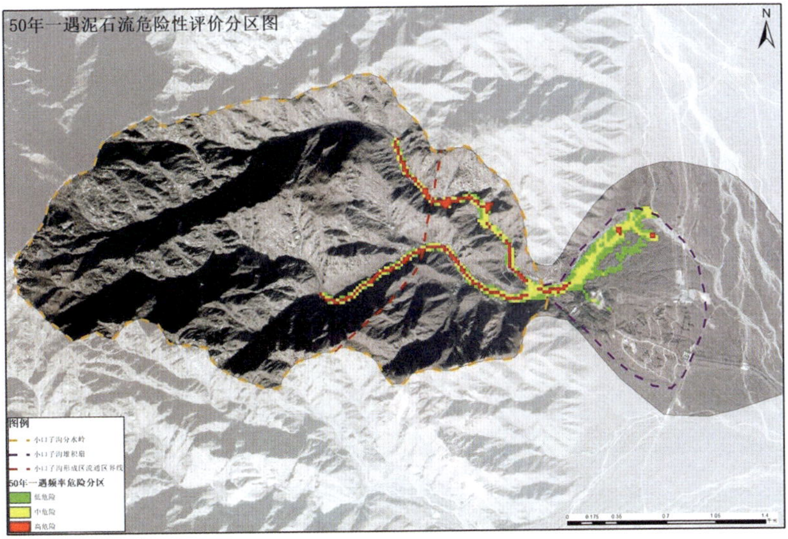


图5-75　50年降雨频率情况下泥石流危险性分区图

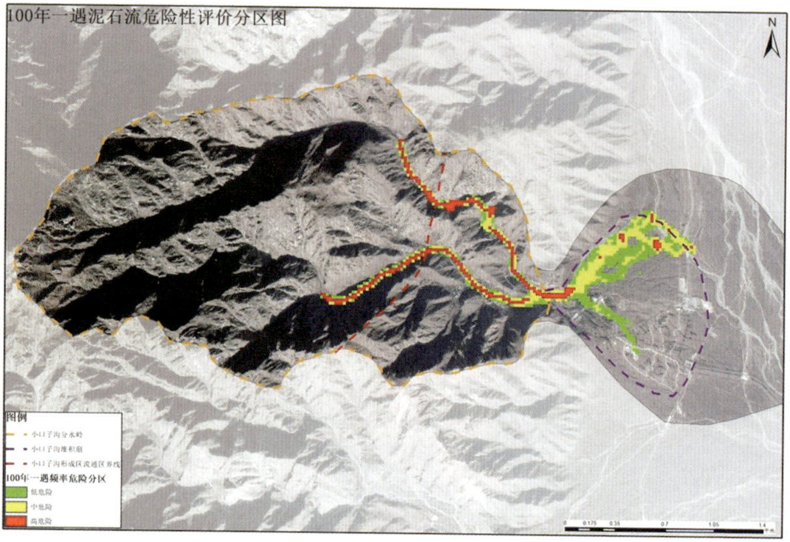


图5–76　100年降雨频率情况下泥石流危险性分区图

从表5–24和图5–73至图5–76中可以看出，随着降雨频率升高，高危险区占比逐渐升高，中、低危险区占比逐渐减少，堆积区以中、风险区为主。50年、100年降雨频率情况下沟道中大部分区域处于高危险区内，堆积区北侧零星分布高危险区。

### 5.3.4　小口子沟泥石流发展趋势与危险性预测

（1）危害现状

小口子沟流域形态为树叶状，该沟流域面积5.48 km$^2$，主沟道总长5.05 km，沟谷总体呈西－东方向展布，海拔2 615~1 426 m，相对高差1 189 m，沟床平均纵比降165.4‰。两侧谷坡坡度为30°～60°，两侧沟壁近乎垂直陡立，沟道蜿蜒曲折，山体风化较强烈，节理裂隙发育。该区域内昼夜温差大，物理风化强烈，受热胀冷缩作用影响，岩体被切割成块体，由大块变成小块，由小块变成砂土，堆积于斜坡较缓部位或坡脚地带，主要是以面蚀、剥落、局部崩塌和侧蚀等方式进入沟内，成为泥石流的固体物质补给物。

小口子沟在遭遇强降雨后存在发生泥石流的可能，该沟内有滚钟口风景区，泥石流主要威胁对象为道路和景区建筑设施、景区工作人员和游客。

经调查，小口子沟泥石流为稀性泥石流，其危害方式主要以冲刷侵蚀、淤埋、冲毁为主。由于该泥石流携带的固体松散物质以砂卵砾石为主，泥沙较少，大块漂石淤积在上游、中游沟道内，致使沟道变窄、变迁，严重影响沟道的疏导功能。中下游沟道较宽泛，但部分建筑和旅游道路位于沟道低位处，受泥石流直接威胁较大，故该泥石流沟危害较大。

（2）发展趋势分析

小口子沟泥石流发展具有一定周期性、波动性，其所处阶段受诸多因素影响，随流域自然环境条件变化而变化，归结起来受控于地形地貌、气候、地震、固体松散物质累积速率、植被增减及人类活动等因素影响。经过对小口子沟流域调查，结合相关资料综合分析认为，该沟泥石流发展有逐步减弱的趋势，原因有以下三个方面：

其一，从沟道内不同时期泥石流侵蚀特征上来推断，其携带泥沙流量呈减小趋势。

其二，中下游沟床相对稳定，沟床比降较小，碎屑物质聚集需要的时间更长，暴发的周期更长。

其三，沟道内无任何采矿活动，沟道两侧坡体趋于稳定，崩塌活动减弱，未见滑坡现象，补给物质以沟道侵蚀为主，泥石流物源减少。

综上所述，小口子沟泥石流呈衰退之势，规模将趋于减小，暴发周期不断变长。

（3）危害程度预测

大寺沟段沟内无固定建筑，主要威胁游客。中上游沟谷狭窄，岸坡近直立，雨季遇泥石流时基本无逃避空间，极易造成人员伤亡。

小口子沟段中下游沟谷低位处建有庙宇及其他建筑，旅游公路基本沿沟道展布，虽然局部地段沿现状沟槽进行了导流砌护，但建成的排导沟横断面较小，难以应对规模泥石流的威胁。在出口段沟槽折向北流，在拐弯处容易产生弯道超高或冲起爬高，造成沟道东南侧建筑设施损毁。

整体上，小口子沟属于旅游区，沟内低位处存在多处文化建筑，旅游旺季游人较多，雨季遇规模泥石流容易造成沟谷低位处建筑设施损毁和游人伤亡，该泥石流的危害程度中等。

### 5.3.5 风险管控建议

（1）在景区浏览路线图和旅游门票设计上，标明风景区主要泥石流灾害点位置及简明信息，让游客及时了解泥石流灾害点分布。

（2）在游览道路和风景点受泥石流影响范围内的人员活动场所、公路沿途明显地段，设置警示标识并标明避险路线，达到提醒、警示行人的目的。

（3）组织景区工作人员、导游等开展定期地质灾害防治科普宣传及自救应急培训。

（4）严禁在冲沟中随意弃土、弃渣、堆放垃圾占用沟道，在雨季到来之前，及时清除沟道中的障碍物，如清理大寺沟内堵沟崩塌巨石，保证沟道有良好的泄洪能力。

（5）在小口子沟低位有建筑的主沟和支沟段修建深宽排导沟，调整和疏导泥石流流通途径，并在建筑一侧修建挡墙或防洪堤，防止泥石流在该处爬高危害建筑。

（6）加深拓宽小口子沟出口段排导沟，并在南侧设置防洪堤，防止泥石流在沟段产生弯道超高或冲起爬高，对沟岸南侧建筑造成损毁。

（7）对其他地段的导洪堤或排导沟进行修缮和维护，必要时进行加深、加长和拓宽，增大导洪堤的泄洪能力。

（8）建立小口子沟全流域专业监测预警系统，开展降雨监测、泥石流监测（泥位监测、视频监测等）、滑坡崩塌监测等，有效减缓泥石流的风险；确定防灾预警信号，以确实可行的方式进行报警，避免造成不必要的伤亡。

（9）设立专门的群测群防员，定期进行巡视，在工程治理之前，应先对泥石流沟口进行应急治理，将沟口堆积物清理，挖出简易排水槽，清理主沟内碎块石。

（10）加强地质灾害防治知识的宣传，提高群众的警觉性和安全意识，一旦出现异常征兆，应及时就近撤出危险区。

# 第 6 章 结论与建议

## 6.1 结论

1. 银川市地质灾害类型主要为泥石流，其次为崩塌，现在库地质灾害隐患点30处，其中泥石流26处，崩塌4处，规模等级以中小型为主，主要分布于贺兰山东麓和灵武东山，威胁对象主要为公路、铁路、水利设施、旅游景区、居民点及人民群众的生命财产安全，影响了当地社会经济的发展。

2. 贺兰山东麓银川段泥石流均为暴雨型沟谷型泥石流，易发程度轻度易发－易发，现有泥石流灾害大部分均处于衰退期，支沟泥石流现象多处于旺盛期，成灾模式主要有淤埋模式、冲毁模式、堵塞河道模式和爬高、超高模式四类。区内地质构造活动强烈，切割强烈，沟谷发育，沟床平均比降大，水动力条件较好，有利于形成泥石流灾害。

3. 灵武东山的马鞍山、面子山、杨家窑山等低山丘陵区以稀性泥石流为主，轻度易发，泥石流灾害均处于衰退期，成灾模式主要有淤埋模式、冲毁模式和爬高、超高模式三类，区内沟谷较为宽缓，岸坡坡度较缓，松散物储量有限，在降雨量较小的情况下难以启动沟谷和山坡上的松散堆积物，也难以形成泥石流。

4. 泥石流的发生模式包括泥石流发生的固体物质补给模式和泥石流发生的降雨激发模式。银川市泥石流是以沟床侵蚀补给方式为主，重力侵蚀补给和坡面侵蚀补给为辅的补给模式，泥石流激发模式是由洪水造成的揭底侵蚀的沟床物质启动补给物质形成泥石流。

5. 银川市泥石流对承灾体的破坏方式主要有淤埋模式、冲毁模式、堵塞河道模式及爬高、超高模式4类，以淤埋和冲毁模式为主。

6. 采用雨洪法对银川市2条典型泥石流流量的计算结果显示，苏峪口沟和小口子沟中除苏峪口沟100年（1%）降雨频率下泥石流规模为中型外，其余降雨频率下泥石流规模均为小型。

7. 根据苏峪口沟和小口子沟2条典型泥石流的易发程度评判结果，苏峪口沟和小口子沟2条泥石流易发程度均为易发。

8. 泥石流临界降雨量按80 mm 考虑时，苏峪口沟和小口子沟可能激发泥石流的1小时降雨强度（激发雨量）分别为33.2 mm、34.59 mm。

9. 苏峪口沟整个沟道均处于高危险区内，随着降雨频率增大，高危险区向沟前逐步扩展，究其原因与苏峪口现状沟床分布有关。小口子沟随着降雨频率升高，高危险区占比逐渐升高，中、低危险区占比逐渐减少。

10. 本次对银川市2条典型泥石流基于 FLO-2D 在各种降雨工况下数值模拟成果和野外调查结果相比较吻合，模拟结果准确性较高，模拟中各项参数的设置比较合理，取得的成果可作为本区域泥石流灾害防治的依据。

## 6.2 建议

1. 泥石流地质灾害防治要以防为主，以治为辅，防治结合，实现地质灾害的风险管控。建议落实群测群防制度，实行汛期地质灾害应急值班值守，把握重点、险点，加强巡查，减少地质灾害造成的人员伤亡和财产损失。对必须采取工程措施的要及时排危排险，消除地质灾害的威胁。

2. 建议开展贺兰山东麓重要泥石流的勘查研究，加强雨量监测，推进泥石流自动化监测手段，从长期的监测和分析研究中，不断加深对泥石流形成机理的认识，完善预警预报的判据，提升泥石流地质灾害预警预报水平。

3. 建议建立贺兰山东麓中短期精准极端天气预警体系，针对汛期建立雨情分析机制，如遇暴雨或长时降雨，及时监测沟内洪水流量及洪水位，预测泥石流发展趋势，制定并严格执行景区地质灾害应急预案，安排疏散通道，做好临灾前的景区游客疏散，撤离景区内工作人员，立即关闭景区，禁止人员进入并建立救灾保障体系。

# 参考文献


[1] 仲佳鑫，弓永峰，郁冬梅，等．宁夏贺兰山北段及东麓地区地质灾害详细调查报告[R]．银川：宁夏回族自治区国土资源调查监测院，2014.

[2] 陈亮，方媛，程霞，等．宁夏灵武市地质灾害详细调查报告[R]．银川：宁夏回族自治区国土资源调查监测院，2015.

[3] 姬浩文，王军，何昌浩，等．贺兰县地质灾害风险调查评价成果报告[R]．银川：宁夏回族自治区矿产地质调查院，2023.

[4] 姬浩文，王军，常涛，等．西夏区地质灾害风险调查评价成果报告[R]．银川：宁夏回族自治区矿产地质调查院，2023.

[5] 常涛，王军，姬浩文，等．灵武市地质灾害风险调查评价成果报告[R]．银川：宁夏回族自治区矿产地质调查院，2023.

[6] 康登成，吴瑞，单斌，等．贺兰县地质灾害机理研究报告[R]．银川：宁夏回族自治区水文环境调查院，2023.

[7] 马小波，吴瑞，康登成，等．西夏区地质灾害机理研究报告[R]．银川：宁夏回族自治区水文环境调查院，2023.

[8] 吴瑞，康登成，单斌，等．灵武市地质灾害机理研究报告[R]．银川：宁夏回族自治区水文环境调查院，2023.

[9] 弓永锋，何小锋，王国瑞，等．宁夏地质灾害形成机理与风险评价[m]．北京：地质出版社，2024.

[10] 宁夏回族自治区地质调查院．中国区域地质志·宁夏志[m]．北京：地质出版社，2017.

[11] 宁夏回族自治区水文水资源勘测局．宁夏回族自治区暴雨洪水图集[R]．2016.

[12] 宁夏回族自治区水文水资源监测预警中心．宁夏水文手册[R]．2020.

[13] 颜恒明．基于FLO-2D的干沟泥石流风险评价[D]．成都：西南交通大学，2017.

[14] 朱厚影．贺兰山东麓泥石流危险性评价与灾变机理研究[D]．南昌：东华理工大学，2021.

[15] 蔺海红．贺兰山东麓“8·21”暴雨洪水分析[J]．地下水，2017，144-145.

[16] 李晓虹，苏占胜，纳丽，等．贺兰山东麓暴雨气候特征及灾害防御对策[J]．干旱区地理，2021，1231-1239.

[17] 史明远．北京市南窖小流域泥石流灾害预测预警研究[D]．长春：吉林大学，2016.

[18] 康登成．贺兰山东麓山洪灾害调查评价及预警系统研究[J]．价值工程，2016，131-134.

[19] 岳自慧，杨建军，刘平，等．宁夏灵武市庙梁子沟生态经济流域综合治理模式探讨[J]．环境与可持续发展，2014，75-76.

[20] 吴凯，倪万魁，武鹏．宁夏隆德县坡面型泥石流形成机理分析[J]．中国地质灾害与防治学报，2016，49-52．

[21] 胡艳香，朱厚影，陈昊，等．贺兰山苏峪口泥石流物源启动模型试验分析[J]．中国地质灾害与防治学报，2022，44-52．

[22] 周翠芳，陈彦虎，贾宏元．贺兰山东麓石嘴山段山洪灾害气象预警指标研究[J]，宁夏大学学报：自然科学版．2022，425-428．

[23] 杜志洋．宁夏灵武大河子沟流域水环境综合治理规划设计[D]．咸阳：西北农林科技大学，2021．

[24] 高玉欣．北京大石河上游泥石流发育特征与判别模型研究[D]．北京：中国地质大学（北京），2019．

[25] 鲍进进．北京西山地区泥石流危险性评价方法体系研究[D]．北京：中国地质大学（北京），2019．

[26] 罗元华．泥石流堆积数值模拟及泥石流灾害风险评估方法研究[D]．武汉：中国地质大学，1998．

[27] 胡凯衡，韦方强．基于数值的泥石流危险性分区方法[J]．自然灾害学报，2005，14（1）：10-14．

[28] 韦方强，胡凯衡，程尊兰．西藏古乡沟泥石流的数值模拟[J]．山地学报，2006，167-171．

[29] 谭炳炎．泥石流沟严重程度的数量化综合评判[J]．铁道工程学报，1986，45-52．

[30] 石文龙．宁蒗县金子沟泥石流形成条件分析及防治对策研究[D]．昆明：昆明理工大学，2014．

[31] 史立群．青海玉树孟宗沟泥石流特征及治理研究[D]．北京：中国地质大学（北京），2013．

[32] 刘金鹏，蓝永超，高世铭等．基于熵权的改进可拓方法在泥石流危险性评价中的应用[J]．山地学报，2015，496-502．

[33] 谭炳炎，靳番，荆绍华．泥石流沟的判别方法和数量化综合评判泥石流防治理论和实践[C]．西安：西安交通大学出版社，1991，45-7．

[34] 王高峰，李浩，田运涛，等．甘肃省白龙江流域典型高位堆积层滑坡成因机制研究及其危险性预测[J]．岩石力学与工程学报，2023，1003-1018．

[35] 王高峰，李刚，孙向东，等．甘肃南部山区城镇地质灾害风险双控模式初探[J]．中国地质，2009，132-138．

[36] 王高峰，杨强，陈宗良，等．白龙江流域甘家沟泥石流风险评估研究[J]．泥沙研究，2020，66-73．

[37] 王高峰，杨强，田运涛，等．泥石流易发性评价模型的构建—以白龙江流域石门乡羊汤河段为例[J]．干旱区研究，2019，761-770．

[38] 王高峰，叶振南，李刚，等．白龙江流域舟曲县城区地质灾害危险性评价[J]．灾害学，2019，128-133．

[39] 王高峰，陈宗良，毛佳睿，等．不同工程情景和降雨频率工况下白龙江流域泥石流危险性评价[J]．山东科技大学学报：自然科学版，2020，30-40．

[40] 莫多闻，等．贺兰山东麓冲积扇发育特征[J]．北京大学学报：自然科学版，1999，816-823．

[41] 陈宁生，刘美，刘丽红．关于山洪与泥石流灾害及其流域性质判别的讨论[J]．灾害学，2018，39—43．